独ソ戦車戦シリーズ
5

カフカスの防衛

「エーデルヴァイス作戦」ドイツ軍、油田地帯へ

著者
マクシム・コロミーエツ
Максим КОЛОМИЕЦ

ユーリー・スパシブーホフ
Юрий СПАСИБУХОВ

翻訳
小松徳仁
Norihito KOMATSU

監修
齋木伸生
Nobuo SAIKI

ОБОРОНА
КАВКАЗА
июль-декабрь 1942 года

大日本絵画
dainipponkaiga

目次　contents

- 2　●目次、原書スタッフ
- 3　●序文
- 4　●**第1章**
  1942年夏の南方面軍と北カフカス方面軍（1942年7月25日～8月17日）
  ЮЖНЫЙ И СЕВЕРО-КАВКАЗСКИЙ ФРОНТ ЛЕТОМ 1942 года
  (25 ИЮЛЯ-17 августа 1942 г.)
  - 4　　ドイツ軍司令部の計画
  - 7　　ソ連軍指導部の計画
  - 8　　ドン河線での南方面軍部隊の戦闘
  - 14　　北カフカス方面軍ドン集団の戦い（1942年7月28日～15日）
- 28　●**第2章**
  カフカス分水嶺山麓の戦い（1942年8月18日～9月28日）
  ОБОРОНИТЕЛЬНЫЕ БОИ В ПРЕДГОРЬЯХ ГЛАВНОГО КАВКАЗСКОГО ХРЕБТА
  (18 августа—28 сентября 1942 года)
  - 31　　1942年8月のザカフカス方面軍の戦闘活動
  - 36　　マルゴベーク防衛作戦（1942年9月1日～28日）
  - 62　　ノヴォロッシースク防衛作戦（1942年8月19日～9月27日）
- 72　●**第3章**
  1942年10月～12月のザカフカス方面軍の防衛戦
  ОБОРОНИТЕЛЬНЫЕ ДЕЙСТВИЯ ВОЙСК ЗАКАВКАЗСКОГО
  ФРОНТА В ОКТЯБРЕ—ДЕКАБРЕ 1942г.
  - 72　　黒海部隊集団のトゥアプセー防衛作戦（1942年9月25日～12月20日）
  - 85　　北方集団部隊の戦闘活動
  - 96　　ナーリチク防衛作戦（1942年10月25日～11月12日）
  - 109　　ナーリチク防衛戦後期（1942年11月6日～12日）
  - 121　　1942年11月～12月の北方部隊集団の反撃
  - 128　　ソ連第9軍ナーリチク方面の反撃
  - 132　　モズドーク、ナーリチク各方面の北方部隊集団の反攻
  　　　　（1942年11月27日～12月25日）
- 49　●塗装とマーキング
- 153　●訳者あとがき

原書スタッフ

発行所／有限会社ストラテーギヤ KM
　　　　ロシア連邦　125015　モスクワ市　ノヴォドミートロフスカヤ通り5-A　16階　1601号室
　　　　電話：7-095-787-3610
発行者／マクシム・コロミーエツ　　　　　　　　美術編集／エヴゲーニー・リトヴィーノフ
プロジェクトチーフ／ニーナ・ソボリコーヴァ　　校正／ライーサ・コロミーエツ
カラーイラスト／セルゲイ・イグナーチエフ

■写真キャプション中の「付記」は、日本語版（本書）編集の際に、監修者によって付け加えられた。

序文

　カフカス戦は大祖国戦争[注1]前半の最も重要な戦いのひとつである。ドイツ軍指導部は北カフカス[注2]の獲得に大きな意義を与えていた。1942年7月23日付のドイツ国防軍総司令部訓令第45号のなかで「エーデルヴァイス」と名づけられた作戦は、ロストフ[注3]の南方及び南東に展開する赤軍部隊を包囲・殲滅して北カフカスを占領し、その後は、大カフカス山脈を東西両方から迂回して、ノヴォロッシースク、トゥアプセー、グローズヌイ、バクー、トビリーシ、スフーミといった主要都市を制圧することを想定していた。これが実現すれば、ソ連黒海艦隊の基地を破壊して黒海の制海権を完全に掌握し、トルコ（トルコ軍26個師団がこのとき対ソ国境に集結していた）との連絡を確立して、中近東侵攻の橋頭堡を築くことができたはずであった。

　ドイツ軍部隊の主要な課題のひとつは、北カフカスのマイコープ[注4]とグローズヌイ[注5]にある油田を奪取することにあった。周知の通り、ドイツは自国内に油田を持たず、ルーマニアからの石油輸入は陸海空軍の需要を完全に満たすことはできなかった。それゆえ、第三帝国はどうしても北カフカスにおいて油田を獲得する必要があった。この観点からすれば、カフカス戦は石油を巡る戦いとも見なしうる。

　1942年7月から12月にわたって繰り広げられた数々の激戦において、赤軍部隊は多大な損害を代償にドイツ軍の進撃を阻止することに成功し、油田地帯の奪取を許さなかった。1943年1月1日から赤軍は反撃攻勢に移り、ドイツ国防軍部隊を北西方向に押し返した。その際ドイツ軍部隊は赤軍に包囲され、大型の装備や兵器を棄てて撤退することを余儀なくされた。

　カフカス戦を戦車部隊の使用という側面から眺めてみると、ここでは戦車が平地や山麓、隘路、山林などまさに多様な地形の中で活動した点が大変興味深い。この戦いにはドイツ軍からはクライスト将軍の第1戦車軍が参加し、ソ連軍からは多数の戦車旅団・大隊と装甲列車が投入された。

マクシム・コロミーエツ

[注1] 1941年～1945年の独ソ戦をソ連・ロシアではこのように呼んでいる。（訳者）
[注2] ロシア南部の黒海とカスピ海をつなぐようにほぼ東西に走る大カフカス山脈の北側を北カフカス（現ロシア連邦）、また南側の黒海とカスピ海に挟まれ、トルコ及びイランと国境を接する地域（グルジア、アルメニア、アゼルバイジャンの3共和国）をザカフカスと呼ぶ。（訳者）
[注3] モスクワから南南東に1,226km離れたドン河下流沿岸にあるロストフ州の州都。19世紀のカフカス地方の征服・植民地化に重要な役割を果たし、現在もロシア南部の中心都市である。（訳者）
[注4] モスクワの南方1,669kmに位置するロシア連邦アディゲーヤ共和国の首都で、19世紀半ばにロシアのカフカス征服戦争の戦略上重要な要塞が築かれ、1911年には北方15kmに石油の埋蔵が確認された。（訳者）
[注5] テーレク川の右支流スンジャ川沿いの低地にある現ロシア連邦チェチェン共和国の首都で、19世紀前半にロシア帝国の要塞が建設され、カフカスを舞台にした名作を著したレールモントフ、トルストイというロシアの大文豪もそこで軍務に就いていた。19世紀末から石油産業が発達し、それは泥沼化しているロシア連邦チェチェン問題の経済的要因ともなっている。（訳者）

第1章
1942年夏の南方面軍と北カフカス方面軍
（1942年7月25日〜8月17日）
ЮЖНЫЙ И СЕВЕРО - КАВКАЗСКИЙ ФРОНТ ЛЕТОМ 1942 года
(25 ИЮЛЯ -17 августа 1942 г.)

ドイツ軍司令部の計画
ПЛАНЫ ГЕРМАНСКОГО КОМАНДОВАНИЯ

　1942年の夏にハリコフ郊外のソ連軍部隊が壊滅し[注6]、さらにセヴァストーポリ[注7]が陥落した後、対ソ戦線のドイツ軍部隊は再び戦略的イニシアチブを奪回した。しかし、当時の状況からして、ドイツ国防軍は1941年の夏季作戦のようにすべての方面で大攻勢を一斉に実施する力はすでになかった。それゆえ、独ソ戦線南部に攻勢を集中させることが決定された。ソ連軍の南部各方面軍部隊[注8]の崩壊は、ドイツ軍部隊にグローズヌイとバクー[注9]の油田を獲得し、悩みの種である燃料供給問題を解決し、また米英両国の兵器や装備、軍事物資をソ連に供給する「イランルート」を遮断するチャンスを開いた。

　これらの課題を遂行するために、ドイツ南方軍集団は二手に分かれた。ひとつは第17野戦軍及び第1戦車軍からなるA軍集団で、第4航空艦隊及び海軍の諸部隊と連携してカフカスを制圧する任務を

[注6] 独ソ戦車戦シリーズ3『ハリコフ攻防戦』を参照。（訳者）
[注7] クリミア地方の古代から開かれた商業都市で、19世紀以降はロシア黒海艦隊の基地ともなる。戦略的要衝として過去の戦争でもしばしば激戦の舞台となった。（訳者）
[注8] 南西、クリミア、南の3個方面軍。（訳者）
[注9] カスピ海沿いの現アゼルバイジャン共和国の首都で、古くから石油の採掘・輸出やカスピ海交易で栄え、19世紀後半から石油産業が急成長した。（訳者）

1：ドン地区の街道を進むドイツ第23戦車師団Ⅲ号戦車の縦隊。1942年7月。(ロシア国立映画写真資料館所蔵、以下RGAKFDと表記)
付記：Ⅲ号戦車は短砲身5㎝砲を装備したⅢ号戦車J型初期生産型である。手前の車体は砲口制退機からⅣ号戦車F2型（本書ではⅣ号戦車F2型と扱っているが、これらの車体は生産当初はF2型に分類されていたが、後にG型に含められるようになった）であろう。ただし師団にはマーダーⅡかⅢを装備した、戦車駆逐中隊が配備されており、その車体である可能性もないわけではない。

2：攻撃を直前に控えたソ連第135戦車旅団のKV-1重戦車。ソ連南方面軍、ツィムリャンスカヤ村地区、1942年7月。(RGAKFD)
付記：KV-1は鋳造砲塔装備型である。

3：待ち伏せするKV重戦車。ソ連南方面軍ドン地区、1942年7月。(RGAKFD)
付記：KV-1は溶接砲塔装備型のようだ。

負った。そのA軍集団司令官にはリスト元帥が任命された。ドイツ軍司令部は、「エーデルヴァイス」とコードネームがつけられたカフカス攻略作戦の詳細なプランを策定し、1942年7月23日付ドイツ陸軍総司令部訓令第45号にてその内容を発表した。

その計画によれば、A軍集団の喫緊の課題は、ドン河を越えてロストフの南と南東及びノヴォチェルカースク[注10]の各地区に退却したソ連軍部隊を包囲殲滅することであった。そして、攻勢をさらにスフーミとバトゥーミ[注11]に拡大し、ザカフカス地方への突入を企図した。

これらの目的を果たすために最も大きな兵力再編が行われたのは戦車部隊であった。カフカス進攻のために準備された戦車師団（第3、第13、第23）は、各3個大隊編制の戦車連隊（それぞれ順に第6、第4、第201）を配下に従えていた。これらの部隊のほとんどにはすでにⅣ号戦車F2型（Pz.Kpfw. IVAusf F2）が配備され始めた（しかし、1942年9月までソ連側資料にこの情報の指摘はなかった）。第16及び第29自動車化歩兵師団とSS「ヴィーキング」自動車化歩兵師団は、初めて配下に戦車大隊を受領した（それぞれ順に、第116、第129、SS第5戦車大隊）。カフカス作戦にはドイツ軍の他に、約50両のチェコスロヴァキア製戦車LT vz.38とLT vz.40を保有するスロヴァキア第1快速（自動車化）師団（Rychle Divizie）も参加した。1942年10月になると北カフカスにいわゆるF軍団が派遣された。これは、司令官のフェルミ将軍の名前の頭文字が付けられた部隊で、編制定数からいえば軽師団に相当し、F戦車大隊と突撃砲中隊各1個を持っていた。以上の戦車部隊が1942年7月から12月にかけての北カフカスにおけるドイツ機甲兵力の中核をなした。

[注10] ロストフ市の北東40kmに19世紀初頭にコサックによって開かれ、以来ドン・コサックの政治・文化の一大中心地となっている。（訳者）

[注11] 現グルジア共和国黒海沿岸の北と南に位置する主要港湾都市で、特に後者は19世紀末から20世紀始めにバクーとの間に送油管が敷設され、バクーの石油製品の輸出に大きな役割を演じている。（訳者）

4：デッキに歩兵部隊を搭載したKV重戦車「チャパーエフ」号（チャパーエフはロシア革命後の内戦期に活躍・戦死した名将：訳者注）。ソ連南方面軍地区、1942年7月。（「ストラテーギヤKM」社所蔵、以下ASKMと表記）
付記：兵士の携行しているのはモシン・ナガン小銃に、砲塔後方の兵士は7.62mmDP機関銃を据え付けている。

5：前線に向かうKV重戦車「チャパーエフ」号。ソ連南方面軍ドン地区、1942年7月。（ASKM）
付記：装甲が強化されたKV-1 1942年型だろう。車体後部張り出し部が平面装甲板になっているのがわかる。

ソ連軍指導部の計画
ПЛАНЫ СОВЕТКОГО КОМАНДОВАНИЯ

　ハリコフ郊外とクリミア半島で壊滅的な敗北を喫したソ連軍指導部は戦略的主導権を奪われ、独ソ戦線全域で防御態勢に移行した。赤軍にとって1942年の夏季戦闘の主要な課題は、ドイツ軍の主攻勢方面と作戦の企図を見抜くことであった。ドイツ軍の進撃の主目的が、独ソ戦線南部の赤軍部隊の殲滅とヴォルガ河、北カフカスとカスピ海沿岸の油田地帯への進出にあることが判明してからは、南、北カフカス、ザカフカスの3個方面軍の管轄下にある軍事行動地域の防御陣地を堅持することにソ連軍部隊の課題は絞られた。前線に配置された機甲兵力と装甲列車部隊はすべて、陣地戦、機動戦のための防衛線構築計画に沿って使用されることになった。したがって、ソ連戦車を小規模部隊単位に配置・使用することは、用兵上十分に正しいものと認められた。

6

ドン河線での南方面軍部隊の戦闘
БОИ ВОЙСК ЮЖНОГО ФРОНТА НА РУБЕЖЕ Р. ДОН

　ドイツ軍部隊がドン河下流に進出したことに伴い、ドイツ軍司令部はいよいよカフカス占領計画の実行に移った。南方軍集団は1942年7月9日に「エーデルヴァイス」計画にしたがって二手――カフカス方面で行動するA軍集団とスターリングラード方面で行動するB軍集団――に分けられた。

　ソ連南方面軍に対峙するドイツA軍集団の7月25日時点の兵力は、第1戦車軍及び第17軍（第11軍はこのときクリミア半島にいた）、また第4戦車軍の一部から構成されていた。第1線には第48、第40、第3、第57戦車軍団と第5軍の合計16個師団が展開し、その内訳は5個戦車師団（第3、第13、第14、第22、第23）と4個自動車化歩兵師団（第16、第29、SS「ヴィーキング」、スロヴァキア第1歩兵 [注12]）、5個歩兵師団（第9、第73、第125、第198、第298）、1個軽歩兵師団（第97）、1個ルーマニア山岳師団（第2）であった。第2線にヒットラー軍は第44及び第52軍と第49山岳狙撃軍団を配置し、それらは第94、第111、第370、第371歩兵師団と第1山岳狙撃師団、第101軽歩兵師団からなっていた。このように、作戦開始から8月半ばまでの初期は、ソ連南方面軍の前に22個師団からなる8個軍団が行動していた。

　そのうち、戦車軍団3個（第40、第3、第57）からなるドイツ軍

6：ドイツ軍部隊（Kfz.31ヘンシェル33G1トラック）のロストフ入城。北カフカス方面軍地区、1942年8月。（RGAKFD）
付記：6×4不整地貨物車3tタイプ33G1は、ヘンシェル社を中心に1937年から1942年まで生産された。生産数は前のタイプのタイプ33D1を含めて、約2万2,000両であった。2両目の車体はシュタイアー・タイプ200コンバーチブルのようだ。3両目は再びタイプ33G1で、その後ろは3t不整地貨物車、いわゆる「オペルブリッツ」である。

7：ドイツ軍に破壊されたZIS-6トラック車台ベースの「カチューシャ」BM-8-36。北カフカス方面軍地区、1942年8月。（ASKM）
付記：ZIS-6は2.5tの6×4トラックで、73馬力のエンジンを搭載していた。BM-8-36は、一般的なカチューシャの132mmロケット弾に対してより小型の82mmロケット弾を使用して36連装に装備していた。82mmロケット弾の全長は596mmで重量8kg、最大射程は5,500mであった。

[注12]　同師団は8月11日にスロヴァキア快速師団に編合される。（監修者）

主攻撃部隊はソ連南方面軍中央部のサーリスク[注13]方面で活動していた。

カフカス進撃前のドイツ線軍戦車及び自動車化歩兵師団の戦車保有状況（1942年7月初頭）

車種／師団	3 TD	13TD	23TD	16MD	29MD	MD SS ヴィーキング	1Slov.MD
Pz.Kpfw.II	25	15	27	10	12	12	—
LT.Vz38/LT.Vz40	—	—	—	—	—	—	32/21
Pz.Kpfw.III (5kz)	66	41	50	—	—	12	—
Pz.Kpfw.III (5lg)	40	30	34	35	36	24	—
Pz.Kpfw.IV (7.5kz)	21	12	17	—	18	4	—
Pz.Kpfw.IV (7.5lg)	12	—	10	8	12	—	—
Pz.Bef.	—	5	—	—	1	1	—

凡例：TD＝戦車師団、MD＝自動車化師団、Slov.MD＝スロヴァキア快速師団
Pz.Kpfw.III＝III号戦車、LT.Vz38/LT.Vz40（チェコスロヴァキア製38(t)に似た戦車）、Pz.Kpfw.III (5kz)＝5.0cm短砲身砲搭載型III号戦車（改装されたE、F、G及びH、J初期型）、Pz.Kpfw.III (5lg)＝5.0cm長砲身砲搭載型III号戦車J型及びL型、Pz.Kpfw.IV (7.5kz)＝7.5cm短砲身砲搭載型IV号戦車B、C、D、E及びF1型、Pz.Kpfw.IV (7.5lg)＝7.5cm長砲身砲搭載型IV号戦車F2及びG型、Pz.Bef.＝指揮戦車。

ドン河を渡河したナチス・ドイツ軍部隊は3方面に攻撃を発起した。第4戦車軍第48戦車軍団部隊はツィムリャンスカヤ村及びニコラーエフスカヤのふたつの地区から南東方向へ、第1戦車軍と第4戦車軍第40戦車軍団は基本攻撃方面であるサーリスク方面へ、第17軍はロストフ市地区からクシチョーフスカヤ駅地区へ、それぞ

[注13] ロストフ市の南東180km、仏教徒民族のロシア連邦カルムイキヤ共和国との境に位置する都市。（訳者）

8：アゾフ海岸の4.7cm対戦車砲(t)(自走式)搭載 I 号戦車B型(Panzerjager I), 1942年8月. (RGAKFD)
付記：これは珍しい I 号4.7cm対戦車自走砲の作戦中の写真である。本車は I 号戦車B型をベースにオープントップの戦闘室を設けてチェコ製の4.7cm対戦車砲を搭載した車体で、1940年3月から1941年2月までに202両が改造され、5個の軍直轄対戦車砲兵大隊に配備された。右側に見えるのはIII号突撃砲だが、かわいい I 号4.7cm対戦車自走砲と比べても、突撃砲の姿勢の低さが際立っているのがわかる。

れ前進を開始した。

　7月25日時点のソ連南方面軍防衛地帯の全幅は326kmで、その右翼ヴェルフニェ・クルモヤールスカヤからコンスタンチーノフスカヤにわたる前線171kmの地帯ではソ連第51軍が防御にあたり、ドン河をツィムリャンスカヤとニコラーエフスカヤの地区で渡河したドイツ軍部隊と戦っていた。第51軍は狙撃兵師団4個と騎兵師団1個を配下に持ち、将兵の数は4万名を数えた。

　他方、コンスタンチーノフスカヤからドン河河口に至る155kmの左翼前線では、兵力を消耗してドン河の東岸に後退した方面軍隷下部隊が防御を整えようとしていた。

　実際、この326kmの前線の守備を任されていたのは南方面軍の寡兵な6個軍（第9、第12、第18、第24、第37、第56）のみで、そこには狙撃兵師団21個、騎兵師団1個、狙撃兵旅団4個の総勢約11万2,000名しかいなかった。この時期戦況が最も逼迫して危険な状態にあったのは、ニコラーエフスカヤからドン河河口につながる防御地帯であった。ここのソ連軍部隊は指揮系統が侵され、部隊間の連絡は連絡将校の足とたまにしか通じない無線通信に頼っていた。

　この時の南方面軍部隊の支援砲兵力は次の通りである。

　ソ連第51軍は最高総司令部予備の5個砲兵連隊（第457、第1168、第1230砲兵連隊、第1188及び第246対戦車砲連隊）によって強化され、これら砲兵部隊は全部で82門の砲（このうち45mm砲

20門、76㎜砲20門、152㎜砲42門）を保有していた。

　ソ連第37軍には支援砲兵は事実上皆無であった。配下にあった最高総司令部予備の4個砲兵連隊（第268、第262、第1231砲兵連隊と第727対戦車砲連隊）は、ドン河東岸への撤退戦闘ですべての兵器を失ったからだ。ソ連第12軍は、全部で54門の砲（76㎜砲16門、122㎜砲3門、152㎜砲35門）を装備した最高総司令部予備4個砲兵連隊（第374、第380、第81砲兵連隊と第521対戦車砲連隊）を受領していた。ソ連第18軍は最高総司令部予備3個砲兵連隊（第377及び第368砲兵連隊、第530対戦車砲連隊）の支援を受け、これらの部隊には76㎜砲17門、152㎜砲25門の計42門が配備されていた。ソ連第56軍が受領したのは、わずか11門の152㎜砲しか持たない砲兵連隊1個（第1195）のみであった。

　南方面軍左翼に配置された軍は軍所属砲兵部隊も含めて約1250門の砲と迫撃砲を有していた。しかし、この砲兵力は有効に使用することはできなかった。なぜならば、渡河手段の数に限りがあったことから、ドン河東岸に後退する際に砲兵部隊が取り残されてしまったからである。そのうえ、方面軍とその隷下軍の後方施設・基地が戦闘部隊から離れてしまい、計画的な補給が行えなくなったため、砲兵部隊の保有する弾薬量も窮乏した。

　7月半ばのソ連南方面軍の機甲部隊は次のような状態にあった。第14戦車軍団の残存兵力（第136、第138、第139戦車旅団と第21自動車化狙撃兵旅団）は1942年7月11日から13日のチェルトコーヴォ近郊の戦闘で敗北し、南方面軍に編入された後はわずか13両の戦車しか持たなかった。混成戦車集団（第140、第15、第5親衛の各戦車旅団と自動車化狙撃兵師団）は57両の戦車を保有し、その他第63及び第64戦車旅団、第62及び第75独立戦車大隊がいた。

　第63戦車旅団は複数の戦車群に分かれて、ソ連第24軍の編制下でドネツ川右岸に沿って防御陣地を構えていた。

　第64戦車旅団はソ連第18軍の指揮下でクラースナヤ・ポリャーナの南に走る防御線を守っていた。

　第62及び第75独立戦車大隊はソ連第12軍部隊の後退を掩護していた。

　第136戦車旅団の1個大隊はクラースヌイ・スーリン地区にいた。

　ソ連軍最高総司令部予備からは2個戦車旅団（第135及び第155）が抽出されたが、このときはまだ第51軍地帯に向かって移動しているところであった。

ソ連南方面軍機甲部隊の戦車保有状況（1942年7月15日現在*）

車種/部隊名	5gv.tbr	15tbr	63tbr	64tbr	140tbr	62otb	75otb	2bat./136tbr	計
KV重戦車	9	9	9	8	10	6	3	1	55
T-34中戦車	20	26	8	3	14	—	—	1	73
T-60軽戦車	20	20	19	—	16	—	—	2	77
T-26軽戦車	—	—	8	—	—	17	—	—	25
BT快速戦車	1	—	1	—	—	18	14	2	36
Mk.Ⅱマチルダ**	—	—	—	—	—	—	—	1	1
Mk.Ⅲヴァレンタイン**	—	—	—	—	—	—	—	1	1

*以後戦闘に参加しなかった第14戦車軍団は集計の対象から外している。
**レンドリースによるイギリス製戦車。
凡例：gv.＝親衛〜、tbr＝戦車旅団、otb＝独立戦車旅団、2bat./136tbr＝第136戦車旅団2個大隊

　7月26日にドイツ軍部隊は優勢な航空部隊と砲兵部隊の支援を受けて、ドン河南岸にこれまで獲得した橋頭堡の拡大を始め、そこへ戦車と砲を渡河させることに努めた。
　ソ連南方面軍部隊は7月27日は終日激戦を展開しつつ、ドン河の形勢を立て直して敵を駆逐するばかりか、その後の敵の攻勢をも遅らせることに成功した。ドイツ軍は、ヴェショールイ方面では第1戦車軍を使って、またカガリニーツカヤ方面では第17軍の兵力をもって攻勢の拡大を続けた。
　南方面軍司令官は最高総司令部の指令にしたがって7月28日、第51、第37、第12軍からなるドン集団部隊は後退をやめて防御態勢に移行し、7月30日の朝から第51軍左翼部隊（第302狙撃兵師団、第115騎兵師団、第135及び第155戦車旅団）でもってニコラーエフスカヤ〜コンスタンチーノフスカヤ方面で反撃を発起するよう命じた。この反撃部隊の指揮はB・ポーグレボフ少将に委ねられた。
　このような二重性のある課題（防御に転じて、翌朝には攻撃に移行する）は、十分な増援兵力なしではあらかじめ失敗が約束されていたも同然だった。というのも、弱体化したソ連第51軍左翼部隊の前にはドイツ第48及び第40戦車軍団という強力な機動部隊が展開し、ソ連軍の反撃の機先を制することなど容易いことだからだ。そして、実際にそうなった。
　ソ連第115騎兵師団と第135戦車旅団は南方面軍司令官の命令を遂行しつつ、7月29日の夕刻にはボリシャーヤ・マルトゥイノフカ〜マーラヤ・マルトゥイノフカ地区に指定された反撃発起地点に態勢を整え、ポーグレボフ将軍はボリシャーヤ・マルトゥイノフカに司令部を構えた。そして、翌日の0700時に反撃発起が予定された。ところが、ソ連軍の反撃が始まる数分前にボリシャーヤ・マルトゥイノフカにドイツ戦車群が突入し、ポーグレボフ将軍の手元にあった部隊と司令部が踏み潰され、反撃部隊は攻撃に移る前に司令塔を失った格好となった。
　この悲劇の現場に第51軍司令官のT・コロミーエフ少将と軍事会

議審査官のA・ハレーゾフ旅団政治委員が駆けつけた。第51軍司令官は第115騎兵師団に対して、戦闘隊形を整え、第302狙撃兵師団と連携して、すでに出された指令——反撃発起——を実行するよう命じた。

だが、時すでに遅く、ドイツ軍はソ連軍部隊に猛爆撃を加え、大量の戦車の支援を受けて攻撃に移った。粘り強い戦闘が終日続いた。1900時までにドイツ軍はソ連第302狙撃兵師団の右翼に楔を打ち込むことに成功し、他方ソ連軍部隊は撤退のやむなきに至った。

この日、北カフカス展開部隊の指揮統制を改善すべく、スターフカは南方面軍と北カフカス方面軍を統合し、それを北カフカス方面軍と命名した。ソ連黒海艦隊とアゾフ小艦隊［注14］は臨時に北カフカス方面軍司令官の作戦指揮下に置かれた。そして、北カフカス方面軍司令官にはソ連邦元帥S・ブジョンヌイが任命された。

9：乗車KV戦車の傍に立つ部隊最優秀の戦車操縦士I・ルーボフ上級軍曹。ソ連南方面軍地区、1942年7月。(ASKM)
付記：KV-1は溶接砲塔装備型である。

［注14］アゾフ小艦隊は黒海艦隊の編制下にある艦隊。(訳者)

北カフカス方面軍ドン集団の戦い(1942年7月28日〜8月15日)
БОИ ДОНСКОЙ ГРУППЫ СЕВЕРО-КАВКАЗСКОГО ФРОНТА (28 июла-5 августа 1942 года)

　再編成された北カフカス方面軍は全長1,000kmに及ぶ前線で行動し、6個軍と狙撃兵軍団並びに騎兵軍団各1個を配下に抱え、その総兵力は狙撃兵師団23個、狙撃兵旅団9個、騎兵師団5個から構成されていた。

　最も装備が充実していたのは第51軍と第47軍、第1独立狙撃兵

10：V・バルミン伍長が指揮する76mm砲ZIS-3砲手班は1カ月の間にドイツ戦車14両を破壊した。北カフカス方面軍地区、1942年8月。（ASKM）
付記：ZIS-3は本来は野砲であるが対戦車砲としても多用され、ドイツ軍からはラッチェ・ブムというあだ名（着弾音「ラッチェ！」の後に「ブム！」と射撃音が聞こえたため。実際にはこの砲だけでなく、同種のいくつかを含んだ）で恐れられた。

11：デクチャリョーフ設計の14.5mm対戦車銃(PTRD)1941年型で武装した対戦車銃班。北カフカス方面軍地区、1942年8月。（ASKM）
付記：デクチャリョーフ14.5mm PTRD-41対戦車銃は、全長2,020mm、重量17.3kg、装甲貫徹力は100mで30mm（垂直）、300mで27.5mm、500mで25mmである。手前はロシア軍スタンダードの7.62mmモデル1891/30モシン・ナガンライフルである。

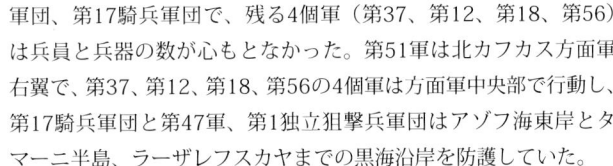

軍団、第17騎兵軍団で、残る4個軍（第37、第12、第18、第56）は兵員と兵器の数が心もとなかった。第51軍は北カフカス方面軍右翼で、第37、第12、第18、第56の4個軍は方面軍中央部で行動し、第17騎兵軍団と第47軍、第1独立狙撃兵軍団はアゾフ海東岸とタマーニ半島、ラーザレフスカヤまでの黒海沿岸を防護していた。

　北カフカス方面軍の前線が長大過ぎて方面軍司令部と隷下部隊が互いに遠く離れていたため、方面軍司令官は部隊指揮改善を目的とする7月28日付指令第00280号を発し、方面軍内に2個の作戦集団——ドン集団と沿海集団——を編成した。

　ドン作戦集団は第51、第37、第12軍からなり、R・マリノーフスキー中将の指揮下、方面軍右翼でスターヴロポリ方面を守った。ドン集団の編制には戦車旅団5個と独立戦車大隊3個、戦車軍団1個が含まれ、戦車軍団は15両の戦車と1,612名の兵員を抱えていた。ソ連軍最高総司令部から第51軍の増強に送られてきた第135及び第155戦車旅団は、前述のポーグレボフ少将の指揮下で惨敗するまでは104両の戦車を保有していた。その主な車種はKV重戦車であった。

　進撃を続けるドイツ軍は1942年7月29日、第48戦車軍団がボリシャーヤ・マルトゥイノフカ～クテイニコヴォ～ドゥボーフスコエ方面で、第40戦車軍団がボリシャーヤ・オルローフカ～スホーイ～ブジョンノフスカヤ～プロレタールスカヤ～サーリスク方面で、第3戦車軍団がメチェチンスカヤ～エゴルルィークスカヤ～ペシシャノコープスコエ方面で攻撃を発起した。

　ソ連ドン作戦集団は防戦を展開するもドイツ軍の戦車部隊と自動車化部隊の攻撃に抗しきれず、南及び南東方向への後退を余儀なくされた。

　1942年8月1日までにドン作戦集団の前線は厳しい戦況に支配された。ソ連第51軍の左翼部隊はドイツ軍の圧力に屈して陣地を放棄し、ロマーノフスカヤ郊外～イリイーノフ郊外～エルマコーフ郊外～カーメンノ・バールコフスキーの線に後退せざるを得なくなった。この結果、第51軍と第37軍の間にできた亀裂は65kmに達した。これら2個軍の連接部にドイツ軍は第40戦車軍団を使って攻め込み、サーリスクの南東から南に連なる線に進出し、ソ連第51軍をドン作戦集団の主力から分断した。その結果、第51軍はドン作戦集団本部とも北カフカス方面軍司令部とも連絡が取れなくなってしまった。そこで最高総司令部は、ドン作戦集団第51軍を7月31日24時をもってスターリングラード方面軍の指揮下に移した。

　ドイツ軍は第6軍の兵力を使用してスターリングラードを強襲占領する試みが失敗したことに伴い、第40戦車軍団を第4戦車軍から第1戦車軍に配属を替え、第4戦車軍をB軍集団の指揮下に移してス

ターリングラードの北東に向かわせた。

8月5日、ドイツ軍はソ連第37軍後衛部隊の抵抗を跳ね除けてスターヴロポリ市［注15］を制圧した。

ソ連第1独立狙撃兵軍団は8月2日にノヴォ・トロイツコエ～グリゴリポリースカヤの線に進出したものの、防御態勢を整える間もなく、8月3日にドイツ第40及び第3戦車軍団の隷下部隊の攻撃を受けて陣地から追い払われた。ソ連狙撃兵軍団はクバン河の対岸に撤退し、8月5日にはソヴィエツカヤ～アルマヴィール［注16］～クバンスカヤ戦区に防御陣地を敷いた。

ソ連第12軍は8月4日と5日は後退戦闘を繰り広げながらクバン河の線に到達し、8月5日にはその左岸に渡河してコヴァレーフスキー郊外～オトラード・オーリギンスコエ～マイコープスキー～ノヴォ・ウクラインスキー郊外をつなぐ線で防御に就いた。クバン河対岸への後退時に第12軍はドン作戦集団本部との連絡が途絶え、北カフカス方面軍司令官の指示により第12軍は8月5日に沿海作戦集団に編入された。

8月6日の時点でドン作戦集団の編制内に残っていたのは第37軍だけとなり、それはドイツ軍との戦闘から離れ、小部隊群に分かれて後退し、クルサーフカ～イヴァーノフスコエ～カジミンスコエ～の線に防御を整え、ネヴィンノムイスクを維持していた。

これで、ドン作戦集団のスターヴロポリ方面防衛作戦は終りを迎えた。

［注15］モスクワの南1,621kmに位置するロシア連邦スタヴロポーリ地方の中心都市で、ドン河とヴォルガ川につながる道路の防衛を目的に建設されたアゾフ・モズドーク要塞線の一要塞として18世紀後半に開かれた。カフカス戦当時はオルジョニキーゼ地方ヴォロシーロフスクと呼ばれていた。（訳者）

［注16］クラスノダールの東方202kmにある、もともとはアルメニア難民の町。（訳者）

12：ソ連第13クバン騎兵師団に所属する生粋のコサック騎兵（コサックという"民族"の起源については、血統上もロシア人とは違う騎馬民族のひとつに求めるものから、帝政ロシアの農奴制から帝国南部に逃れた武装自治農民とするものまで諸説があるが、いずれにせよ伝統的に馬術に優れて尚武の精神に富み、一般のロシア人とは違うという自意識がどこかにある。本拠とする地方により、ドン・コサックやクバン・コサック、ザポロージェ・コサック等々がある。後にロシア帝国の征服植民政策の尖兵の役割を果たしたため、革命後は帝政の手先として弾圧されたが、1936年にコサック騎兵軍団が再建された：訳者注）。北カフカス方面軍地区、1942年8月。（RGAKFD）

他方のドイツ軍は戦車、航空機、火砲、機動部隊の優勢に乗じてドン作戦集団部隊を駆逐し、スターヴロポリ市の獲得に成功した。

この間のソ連南方面軍戦車部隊は友軍部隊の新たな防衛線への後退を掩護していた。しかし、ソ連軍諸部隊が全体的に混乱に陥っていたため、歩兵部隊は自分たちの後をしんがりとしてついて来ていた戦車を置き去りにしたまま渡河施設を爆破するなどしていた。たとえば、ソ連第63戦車旅団の大半の車両はドネツ川を渡河することもできずに立ち往生しているところを敵の爆撃に遭って破壊された。

ソ連側の報告資料によると、ソ連南方面軍戦車部隊（第14戦車軍団を除く）は1942年7月に次の損害をドイツ軍に与えたことになっている——戦車200両、装甲車14両、自動車218台、砲32門の破壊、戦死者8,500名、捕虜98名。

他方ソ連側の損害は、戦車198両（KV重戦車39両、T-34中戦車63両、T-60軽戦車59両、T-26軽戦車15両、BT快速戦車18両、MkⅡマチルダ歩兵戦車1両、MkⅢヴァレンタイン歩兵戦車1両）のほか、自動車化狙撃兵部隊の兵員50％以上とほとんどすべての輸送用自動車両が喪われた。当該期間に最も活躍が目覚しかったのは、第62及び第75独立戦車大隊で、第12軍の編制下にあった両大隊は後退戦闘で敵に大きな損害を与え、しかも自らの兵器にはたいした損失を出さなかった。

北カフカス方面軍のもう1個の臨時編成部隊である沿海作戦集団は、第18、第56、第47軍、第1独立狙撃兵軍団、第17騎兵軍団からなり、Ya・チェレヴィチェンコ大将の指揮下に方面軍左翼で行動し、クラスノダール方面とタマーニ半島の防衛を担当した。

ソ連南方面軍部隊をドン河の線から駆逐したドイツ軍は、クラスノダール［注17］方面での進撃を続け、7月28日の夕暮れにはドイツ第17軍第57戦車軍団、第5軍団、第49山岳狙撃軍団がカガーリニク川沿いのノヴォ・クズネツォーフカ～カガーリニツカヤ～ノヴォバタイスク～カガーリニクの線に進出した。ドイツ軍はこの勢いのままソ連軍のカガーリニク川防御線を突破しようとしたが失敗し、第44軍団を戦闘に投入して隷下部隊を強化する必要に迫られた。

北カフカス方面軍司令官は7月29日に沿海作戦集団右翼部隊に対して、敵をカガーリニク川の線で食い止め、南方へのさらなる前進を阻止するよう命じた。

沿海作戦集団編制下の戦車部隊のうちでこの時期戦闘行動をとっていたのは、オリョール戦車学校で編成されたマイコープ戦車旅団（T-34中戦車14両、BT快速戦車9両、T-60軽戦車4両）と第126独立戦車大隊（T-26軽戦車36両）であった。

7月28日夕刻までにマイコープ戦車旅団はクラースナヤ・ポリャ

［注17］モスクワから南南東に1,539km離れたクバン河右岸のクラスノダール地方の中心都市で、18世紀末に黒海（旧ザポロージエ）コサックにより開かれた。20世紀以降金属加工業やマイコープ石油の精製などが発展し、クバン地方の工業・交通・文化の中心地である。（訳者）

ーナ地区に集結し、第17騎兵軍団に付与された。第126独立戦車大隊は第47軍の編制下でトンネーリナヤ駅地区に配置されていた。
　北カフカス方面軍にはまた、第16、第51、第53独立装甲列車大隊があり、それらは第17騎兵軍団のチマショーフスカヤ〜クシチョーフスカヤ戦区における突撃部隊を構成した。さらに、アゾフ小艦隊所属の装甲列車「ザ・ロージヌ」号［注18］もあった。
　この時期の沿海作戦集団の形勢は、最も戦闘能力に優れ、装備の充実した第47軍、第1独立狙撃兵軍団、第17騎兵軍団の隷下部隊が、あまり戦闘の活発でない地区にいたことがその特徴である。進撃中のドイツ第17軍に抵抗していたのは、それまでの18日間（7月10日〜28日）の激戦を経て人員と兵器を消耗したソ連第18及び第56軍であった。この2個軍は全部で砲229門と迫撃砲292門しか持たず、戦車はすでに皆無であった。
　7月29日、ドイツ軍はクラスノダール方面への進撃を続け、イヴァーノヴォ〜シャムシェーフスキー〜ノヴォバタイスクの地区でカガーリニク川を渡河し、ソ連第18軍部隊の抵抗を押し退けつつ、クシチョーフスカヤへ兵を進めた。
　北カフカス方面軍司令官は敵の攻撃をかわす目的で、7月29日の1640時第17騎兵軍団に翌7月30日の朝から第18軍と連携してノヴォバタイスクに攻撃を発起し、突入してきた敵部隊を殲滅し、カガーリニク川での形勢を回復するよう命じた。ところが、この命令は第17騎兵軍団司令部に届くのがひどく遅れて、結局実行はされな

13：フランス製75㎜野砲1897年型で射撃を行う第53装甲列車大隊列車砲塔班。北カフカス方面軍地区、1942年8月。（RGAKFD）
付記：最も広範囲に使用されたといわれる傑作軽砲で、ドイツ軍でも多数を捕獲、使用された。Pak97/38対戦車砲としてコンバートされたことでも知られる。砲身長は36口径で、弾頭重量6.195kg、初速550〜675m、最大射程1万1,100mである。

［注18］「祖国のために」の意。（訳者）

14

14：チホレーツク〜アチカーソヴォ区間を走るソ連第53装甲列車大隊所属列車。北カフカス方面軍地区、1942年8月。（RGAKFD）

かった。騎兵軍団部隊が指示された集結地区に到着したのは7月30日のすでに夕暮れであった。

　この日、ソ連第18軍司令官は所属部隊に対して、7月30日の朝からオーリギンスカヤ方面で反撃を発起し、ドン作戦集団第12軍と第17騎兵軍団と協力してドイツ軍突破部隊を殲滅するよう命じた。しかし、この命令も第18軍部隊は実行に移すことができなかった。というのも、このとき第18軍司令部は隷下師団との連絡が取れず、それがどこにいるのかさえ知らなかったからだ。

　他方のドイツ軍はクラスノダール方面での攻勢を発展させながら、7月30日の夕刻には先鋒部隊がクシチョーフスカヤ〜シュクーリンスカヤ〜カネレーフスカヤ地区のエーヤ川に到達した。そのとき、ソ連第17騎兵軍団は反撃のための部隊再編成作業の最中であったため、敵の前進を遅滞させるには配下の装甲列車部隊（第51、第53、第16独立装甲列車大隊）を使用することが決められた。

　1942年8月1日、3本の装甲列車からなるミーヘレフ少佐指揮下の装甲列車集団はクシチョーフスカヤ駅に対して首尾よく砲撃を実施し、400発に上る砲弾でドイツ軍部隊を退散させた。翌8月2日、装甲列車集団はカヴァレリースキー〜クルィローフスカヤ地区で行動し、敵がクシチョーフスカヤ駅から南へ拡散するのを防ぐよう努めた。

　ソ連第17騎兵軍団は、2個師団（第12及び第116）を用いてエーヤ川左岸沿いのクシチョーフスカヤからカネレーフスカヤまでの地区に防御を固め、第15騎兵師団はスタロ・ミンスカヤ地区に集結させ、第13騎兵師団はレニングラーツカヤ地区に配置した。第17騎兵軍団部隊は短かくも強力な反撃を繰り返し、ドイツ第73歩兵

15：敵陣に夜間射撃を行う第53装甲列車大隊。1942年8月。(RGAKFD)

師団の2個連隊ほどを壊滅させた。ドイツ軍はシュクーリンスカヤ地区での攻撃を停止せざるを得なくなり、その後はソ連第17騎兵軍団の陣地を避けて第18及び第12軍部隊に対する攻撃に全力を集中した。

　この方面でのドイツ軍への反撃においては、砲兵と戦車の適切な使用が功を奏した。マイコープ戦車旅団は第13クバン・コサック騎兵師団と共に行動し、クシチョーフスカヤ地区のドイツ軍部隊の殲滅を目指した。

　前日に作戦地区の偵察が行われ、戦車、騎兵、師団砲兵の連携行動も調整されていたのであるが、実際にはソ連戦車部隊の出撃後にドイツ軍の防御拠点は発見されていき、逐次攻撃、破壊されていった。このため、8月2日のソ連戦車の出撃回数は5回に上った。昼間には4両のソ連戦車がようやくクシチョーフスカヤ村に突入し、1時間半にわたる砲と機関銃の射撃によって村に残っていた敵歩兵を全滅させた。ところが、このときドイツ軍部隊は反撃中のソ連軍部隊の背後を襲い、戦闘は新たな展開を見せた。この日ドイツ軍は第73歩兵師団の将兵700名を失って、クシチョーフスカヤ駅の外に退いた。マイコープ戦車旅団の方は、80名の死傷者を出し、T-34中戦車3両とBT-7快速戦車4両が撃破されていた。

　8月3日になると、ソ連ドン作戦集団第37軍がスターヴロポリに、また第12軍がクロポートキンの方へ後退した結果、アルマヴィール東方のドン集団と沿海集団の間に亀裂が生じ、それでなくとも困難な沿海集団の形勢は一層厳しさを増した。特に、アルマヴィール地区の沿海集団右翼は包囲される恐れが濃厚となってきた。

　この亀裂にドイツ軍は第13戦車師団とSS「ヴィーキング」自動車化歩兵師団を送り込んだ。現地に駆けつけた機甲部隊はその足を止めることなくソ連第1独立狙撃兵軍団の抵抗を撥ね飛ばし、さら

にアルマヴィール方面に打撃を加えた。

　ドイツ軍の新たな攻撃に慌てたソ連軍は、手元にあったすべての装甲列車を反撃に投入した。8月3日、北カフカス方面軍装甲列車部隊として第65独立装甲列車大隊第1列車が編入され、それは第51及び第53独立装甲列車大隊とともに第18軍司令官の指揮下に置かれた。第18軍機甲課の命令により、これら装甲列車の指揮は第236狙撃兵師団司令官に任された。

　第53独立装甲列車大隊はチホレーツク～アチカーソヴォの地区で行動し、テルノーフスカヤ方面の第236狙撃兵師団先鋒部隊を援護した。

　第51及び第65独立走行列車大隊の各第1列車はチホレーツク～マロロッシースカヤ地区で同じく師団先鋒部隊の掩護射撃を担当した。しかし、8月4日にはもう、装甲列車集団司令官の第18軍機甲課課長代理ヤキーモヴィチ中佐に対して、これまでドイツ軍に占拠されていたカフカスカヤ駅を経由してクラスノダールにすべての装甲列車でもって突入せよ、との命令が出された。装甲列車集団は仮にこの突破作戦に失敗した場合はチホレーツクに戻ることとされ、そこでは破壊されたチホレーツク～チェルバース間の鉄道線路の修復措置がとられることになっていた。

　ところが、前方を走っていた第65独立装甲列車大隊第1列車と第51独立装甲列車大隊第2列車はロガチェーフスキーまであと2kmというところで停車し、ロガチェーフスキー駅からカフカスカヤ駅の区間が壊れていたためにそれから先に進むことができなかった。ドイツ軍は接近してきていたソ連装甲列車を発見し、砲と迫撃砲による射撃を加えた。この結果、チホレーツクに向かう線路は被害を受け、第51独立装甲列車大隊第2列車の無蓋車両2個が脱線し、さらに機関車の水が切れてしまった。

　ドイツ軍の間断ない射撃にさらされて線路修復に手が付けられないまま、装甲列車はそれぞれの指揮官の命令で爆破され、乗員は携行武器を持ってマイコープ方面に脱出した。

　第53独立装甲列車大隊及び第51大隊第1列車はチホレーツカヤ駅に向けて撤退し、8月5日0600時に到着してから鉄道線路復旧作業に着手した。だが、1200時にはチホレーツクにドイツ軍が突入したため、これらの装甲列車は敵の歩兵と戦車に対する射撃を開始した。戦闘は2000時まで続いたが、その後全列車が爆破された。

　第16独立装甲列車大隊は1942年8月4日までスタロ・ミンスカヤ～ソスィーカ地区で行動し、第17騎兵軍団を支援していた。8月4日は、同大隊は騎兵軍団のクバン河奥への撤退支援の任務に就いた。しかし、アルバーシ～ジェレヴァーノフカ地区でドイツ軍の空襲を4回も受け、大隊の第1装甲列車は大破した。残る第2装甲列車は沿

16-17：ソ連黒海艦隊アゾフ小艦隊所属の装甲列車「ザ・ロージヌ」号（「ザ・ロージヌ」とは「報国」あるいは「祖国のために」といった意味を持つが、特定の車両に冠した名称ではなく、戦車などの乗員も士気昂揚のために自発的または所属部隊司令部の許可を得て搭乗車両にこのスローガンを大書していた。他に、前述の「チャパーエフ」や「ザ・スターリナ（スターリンのために）」など多数のヴァリエーションがある：訳者注）には76mm汎用海軍砲が搭載されていた。北カフカス方面軍地区、1942年8月。（RGAKFD）
付記：76mm砲は対空砲として、第二次世界大戦中のソ連海軍唯一の戦艦ガングート級など、各種艦艇に搭載されている。

海作戦集団司令官チェレヴィチェンコ大将の命令で第56軍司令官の指揮下に置かれたが、その後第47軍司令官の指揮下へと移されて活躍を続けた。

　8月5日夕刻の北カフカス方面軍沿海作戦集団部隊の形勢は依然として厳しかった。ドン集団との間にできた亀裂は80〜100kmに広がり、そこを掩護する部隊がおらず、沿海集団右翼部隊は再び包囲される危機に陥った。ここの険しい戦況は、今までの戦闘で大損害を蒙って弱体化した第1独立狙撃兵軍団部隊が翼部に配置されていたことから、さらに悪化の一途を辿った。また、ソ連第12軍部隊も少ない人員と兵器で苦戦を強いられていた。

　8月6日、ドイツ軍は空襲の後にアルマヴィールを奪取し、北カフカス方面軍沿海集団右翼を南東から包囲し、マイコープ方面へ進撃を続けた。マイコープ油田地帯に突入し、トゥアプセー地区で黒海沿岸に到達すべく、ドイツ軍はこの方面に第1戦車軍の戦車師団2個、自動車化歩兵師団3個、軽歩兵師団1個の計6個師団を投入した。そのうえ、この進撃部隊には強力な航空支援も付けられた。

　攻め込んでくる大量のドイツ戦車を前にしたソ連軍部隊には数えるばかりの戦闘車両しかなかった。たとえば、1942年8月9日現在のマイコープ戦車旅団の可動戦車はT-34中戦車3両のみという状

17

態だった。ソ連第17騎兵軍団司令間の命令でクジョールスカヤ地区に集結し、通信連絡の欠如から他の命令を受領できなかったこの戦車旅団は、独自に布陣してマイコープ方面を防御しようとした。手元に残された3両の戦車は、ほぼ完全に装備を整えた旅団所属自動車化狙撃兵大隊が占める防御陣地線の奥に埋設された。1942年8月9日15時、マイコープ戦車旅団の陣地をドイツ軍の戦車30両と自動火器を持った歩兵約1個中隊が襲いかかった。この攻撃は撃退され、続く二度目の攻撃も終わった戦場には、5両のドイツ戦車が燃えさかっていた。しかし、ソ連戦車旅団は友軍主力部隊から孤立していたため、ドイツ軍部隊はこれを翼部から迂回した。包囲されるのを恐れたマイコープ戦車旅団は第12騎兵軍団主力と合流すべく撤退し、同日1930時にドイツ軍はマイコープに入城した。

　8月6日、ドイツ軍は第1戦車軍によるアルマヴィール～マイコープ方面での攻撃と同時に、エーヤ川での戦闘の後で第17軍の兵力をクラスノダール方面に向けた。チホレーツク地区とカネフスカーヤ地区からの二手に分かれてクラスノダールに進撃したドイツ軍は、第5軍団第73、第9、第125、第198歩兵師団を使って8月8日から9日にかけてクラスノダール防衛環のソ連第56軍陣地を乗り越え、8月10日にはクラスノダール市に到達し、市街戦に突入した。

　クラスノダール防衛環での戦闘が始まったとき、ソ連第56軍は93門の火砲と203門の迫撃砲を保有していた。これは、前線1km当たりの砲兵密度に換算すると、火砲・迫撃砲4～5門程度にしかならない。それに加え、第56軍砲兵部隊は砲弾不足に悩まされていた。いくつかの砲兵部隊は、ここぞというときに砲弾が1発もないという状態に直面した。たとえば、第349狙撃兵師団と共に行動していた第1195砲兵連隊は、クラスノダール防衛環での戦闘が始まったときには弾薬が欠如していたため、クバン河の奥に外されてしまった。

　ルーマニア騎兵軍団はローゴフスカヤ～スラヴャンスカヤ～クルィームスカヤ方面を攻め、8月12日の夕暮れには先鋒部隊がスラヴャンスカヤ地区に進出した。

　ソ連第56軍はクラスノダール防衛環とクラスノダール市内での戦闘の後、クバン河の左岸に下げられ、8月12日夕刻にはヴェルボーヴイ～フォードロフスカヤの線で防御に就いた。第56軍の予備としては第30狙撃兵師団がヴォチェープシー～ガトルカイ地区に集結していた。

　ドイツ第17軍部隊はクラスノダール制圧を果たしたその足で、パシコーフスカヤ、アディゲイ、マリヤンスカヤの各地区でクバン河を渡河しようとした。しかし、これらの試みはソ連第56軍部隊によって撃退された。

8月13日から14日にかけてドイツ第5軍団はパシコーフスカヤ地区でクバン河左岸への渡河作戦を粘り強く続けた。そして、ようやく8月14日の午後にパシコーフスカヤとアディゲイの両地区に橋頭堡を占めることに成功した。さらにこの日の夕暮れには、両地区でクバン河渡河のための舟橋架設作業も始めた。

　このとき、ソ連沿海集団右翼のベロレーチェンスカヤ地区ではドイツ第57戦車軍団部隊がチェルニーゴフスカヤを獲得し、トヴェルスカーヤ～グリースカヤ地区への進出を果たした。これは、ドイツ軍がソ連第12及び第56軍の背後に迫る危険をもたらした。そこで北カフカス方面軍司令官は第56軍右翼部隊をバキンスカヤ～ヴォチェープシー～ガトルカイ～シェンジーの線に後退させるよう命じた。また左翼部隊に対しては、タフタムカイ～フォードロフスカヤ地区の陣地の堅持を指示した。

　その結果、北カフカス方面軍の防御を突破しようとしたドイツ軍のさらなる試みは成果を上げることができなかった。ここに、1942年8月6日に始まったマイコープ～トゥアプセー方面での沿海作戦集団の防御作戦は終了した（司令部は8月17日に解散）。この間ドイツ軍は支配地域をある程度拡大することには成功したが、ソ連軍部隊の包囲とトゥアプセー市攻略、さらに黒海進出とソ連軍カフカス地方部隊の隔離という主要課題を達成するには至らず、この方面の進撃を一旦停止せざるを得なくなった。

　他方ソ連軍はトゥアプセー方面強化の目的で、タマーニ半島の第47軍から第32親衛狙撃兵師団を抽出し、北カフカス方面軍予備としてナヴァーギンスカヤ～シャウミャン地区に集結待機させた。

　また、ソ連第18軍司令官は2個の軍砲兵集団を編成し、そのうちの1個は砲59門と迫撃砲60門を持ち、マイコープ地区守備部隊の支援に使用された。もう1個は、砲54門と迫撃砲24門でもってマイコープ北方のトゥアプセー方面を守る部隊を支援した。

　8月8日から12日にかけて、ソ連沿海作戦集団の右翼では、クバン、ラーバ、ベーラヤという3本の河川に沿って激戦が繰り広げられた。この間戦闘がとりわけ激しかったのはクルガンナヤ、ギアギンスカヤ、ケルルメースカヤ、ベロレーチェンスカヤ、マイコープの各地区である。独ソ両軍は多大な損害を出したが、兵力が明らかに優勢な、特に戦車と航空機を大量に保有するドイツ軍が8月12日にトゥーリスカヤ、マイコープ、ベロレーチェンスカヤの制圧に成功した。ベロレーチェンスカヤ地区ではドイツ軍は勢いに乗じてベーラヤ川左岸の橋頭堡も奪取した。

　このとき、クラスノダール方面においてもドイツ軍は多大な損害を代償にクラスノダール市を陥落させ、ヴァシューリンスカヤ～マリヤンスカヤの地区でクバン河に到達した。

ソ連沿海集団部隊はこれらの激戦の結果、右翼をベーラヤ川の線に、中央部をクラスノダール地区からクバン河左岸に後退させることを余儀なくされた。

　マイコープとベロレーチェンスカヤの地区を獲得したドイツ軍は、8月13日もトゥアプセー方面に二手に分かれて進撃を続けた。第16自動車化歩兵師団と第101軽歩兵師団はアッペロンスキー～ネフチェゴールスク方向に、第13戦車師団とSS「ヴィーキング」自動車化歩兵師団、第97軽歩兵師団はカルバルジンスカヤ～ハディジェンスキー方向に進み、ソ連第18軍の包囲を狙った。ドイツ軍部隊は鉄道線路沿いに進撃し、大きな代償を払いながらグリースカヤ～トヴェルスカーヤ地区を制した。ソ連沿海集団右翼では、ドイツ軍はNKVD［注19］第9自動車化師団部隊を駆逐し、アンドリューコフスカヤ、バートフスカヤ、セヴァストーポリスカヤ、アバゼーフスカヤを押さえ、カーメンノモーツスカヤにも手を伸ばした。

　ドイツ軍はこの日もまた、第17軍部隊をもってクラスノダール地区からゴリャーチー・クリューチ～トゥアプセー方面に向けた攻勢に移ったが、ここでの形勢拡大の試みは撃退された。

　ドイツ軍はその後もトゥアプセー方面への前進を図ったが成功には至らず、やむなく攻勢を停止した。このように、アルマヴィール地区からドイツ第1戦車軍の2個戦車軍団と1個軍団により開始されたトゥアプセー方面での進撃は8月15日の夕刻には前途を阻まれた。ドイツ軍は戦車や他の機動兵力の優勢を利用して、ソ連軍部隊に撤退とマイコープ油田地区の放棄を強いた。しかし、石油も他の石油製品も手に入れることはできなかった。なぜならば、ソ連軍指導部は事前に石油製品及び石油施設の疎開と破壊を済ませていたからだった。

　北カフカス方面軍は大カフカス山脈分水嶺西麓に後退戦闘を繰り広げ、カフカス方面に攻め込んだドイツA軍集団の全兵力を自らにおびき寄せることに成功した。そのおかげで、ザカフカス方面軍はテーレク［注20］、バクサン［注21］の2本の川沿いと分水嶺の峠に防御態勢を整え、グローズヌイ、バクー、ウラジカフカス［注22］、トビリーシ［注23］の各方面の守りを堅固にすることが可能になったのである。

［注19］エヌカヴェデーと読み、内務人民委員部の略称。当時は警察行政の他に軍事分野も含む諜報・防諜活動、国境警備、赤軍の後方・鉄道など戦略施設の警備も担当していた。（訳者）

［注20］大カフカス山脈の主脈である分水嶺に源を発し、カスピ海に注ぐ全長623kmの川。（訳者）

［注21］大カフカス山脈最高峰エリブルース山地区に発するテーレク水系の川で全長173km。（訳者）

［注22］テーレク川の両岸にまたがる現ロシア連邦内のイラン系民族北オセチア共和国の首都で、当時はグルジア出身の政治家にちなんでオルジョニキーゼと呼ばれていた。18世紀末期から19世紀半ばまではグルジアにつながる軍用道路の中継点として重要な役割を担い、その名は「カフカスを征服せよ」との意味を持つ。（訳者）

［注23］大カフカス山脈から南に流れるクラー川の両岸に広がる現グルジア共和国の首都で、19世紀以降はトルコとイランに対するロシア帝国の戦略的要衝、カフカス支配の拠点となり、カフカス総督府がおかれていた。（訳者）

18：装甲列車「ザ・ロージヌ」号の戦闘車内部。北カフカス方面軍地区、1942年8月。（RGAKFD）

第2章
カフカス分水嶺山麓の戦い
（1942年8月18日〜9月28日）
ОБОРОНИТЕЛЬНЫЕ БОИ В ПРЕДГОРЬЯХ ГЛАВНОГО КАВКАЗСКОГО ХРЕБТА
(18 августа–28 сентября 1942 года)

　1942年8月半ばにドイツ軍はカフカス分水嶺［注24］の西麓に迫り、ドイツA軍集団司令官はソ連軍部隊が北カフカスでの戦闘で戦闘能力を喪失したものと判断し、カフカス地方における「エーデルヴァイス」作戦計画にしたがって三手に分かれた同時進撃を継続するため、部隊の再編成に着手した。

　ドイツ第1戦車軍は第57戦車軍団と第44軍団を第17軍の編制に引き渡し、東に向きを変えて、第3及び第40戦車軍団と第52軍団からなる編制でカフカス分水嶺北面からグローズヌイ〜マハチカラー［注25］〜バクーにつながる南東方面に進撃することになった。その第1梯団には第40戦車軍団が、第2梯団には第3戦車軍団が配置された。

　第17軍は黒海沿岸を押さえ、海岸沿いを南東に進んでスフーミに向かい、最終的にはバトゥーミとトビリーシの奪取を目指した。ドイツ軍指導部は、この課題の遂行にあたって次のような手順を考えた。第17軍第57戦車軍団はSS「ヴィーキング」自動車化歩兵師団とスロヴァキア快速師団の兵力でもってトゥアプセーに攻撃を発起し、さらにその先のスフーミ、ズグジジ、バトゥーミに進撃する。第17軍第44軍団は第101軽歩兵師団に第57戦車軍団と協同でトゥアプセーを攻めさせ、第97軽歩兵師団をマイコープからアードレに進める。

　第1戦車軍と第17軍の中間で行動している第49山岳狙撃軍団は、カフカス分水嶺を進撃通過する。第1及び第4山岳狙撃師団の兵力はネヴィンノムイスクとチェルケスクの地区から進発してエリブルース山西方の峠を越え、スフーミとズグジジの地区に進出を図り、第17軍の黒海沿岸攻撃の負担を軽くさせることを目的とする。第2ルーマニア山岳狙撃師団はエリブルース山の東方でグルジア軍用道を通ってトビリーシに向かう。

　ソ連軍最高総司令部（スターフカ）の1942年7月30日付訓令に従い、北カフカス方面軍軍事会議はカフカスとザカフカスを北方から防衛する計画を練った。

　この計画の狙いは、ザカフカス地方への進入路を北方から守るため、ザカフカス方面軍が、テーレク川の河口からマーイスコエまで

［注24］黒海とカスピ海の間をおもに西北西から東南東に並行して走る複数の山脈からなる、長さ1,200km、最大幅180kmの大カフカス山脈の主脈で、ロシア、グルジア、アゼルバイジャンにまたがり、最高峰シュハラー山の標高は5,068m。（訳者）

［注25］チェチェン共和国の東、アゼルバイジャン共和国の北にある現ロシア連邦ダゲスタン共和国の首都でカスピ海沿岸に位置し、水運・鉄道の要地であることからグローズヌイとバクーの石油輸送に重要な役割を果たしてきた。（訳者）

19：ドイツ軍陣地に対する射撃を行う120mm連隊迫撃砲1938年型砲手班。北カフカス方面軍地区、1942年9月。（ASKM）
付記：迫撃砲は射撃時重量285kg、弾頭重量15.6kg、発射速度毎分8〜10発、最大射程6,050mである。ソ連軍だけでなくドイツ軍も捕獲して、さらにコピー生産して使用した。

20：クラスノダール市内のドイツ Kfz.15ホルヒ901。ザカフカス方面軍地区、1942年8月12日。(RGAKFD)
付記：4×4中統制型不整地用乗用車は、1937年から1943年にかけて、ホルヒ、ワンダラーなどで生産された。中央の予備タイヤが空転して補助輪として働くのが特徴（後に廃止）であったが、重量が重いため実際には不整地走行能力はそれほど良好ではなかった。

[注26] トゥアプセーから南東に39kmの黒海沿岸の保養地で、19世紀半ばは黒海沿岸防衛基地のひとつであった。（訳者）

遡り、それからウルーフ川を伝ってさらにカフカス分水嶺沿いにラーザレフスカヤ [注26] まで続く線に兵力の一部を配置してそこでドイツ軍の進撃を阻止し、残る兵力で黒海沿岸の防御をさらに整え、ソ連の南西部と南部の国境を強化することにあった。

テーレク川とウルーフ川に沿う全長約420kmの線に大兵力を集結させる上では、ザカフカス方面軍司令部がこの線から遠く離れていたため、特別の指揮統制機関を設ける必要性がでてきた。

この派遣部隊は一時的にクルジューモフ中将が率いていたが、8月5日にその指揮が第9軍司令官V・マルツィンケーヴィチ少将に委ねられた。

8月9日、ソ連軍最高総司令部はザカフカス方面軍北方部隊集団の創設を命じた。北方部隊集団司令部の編成には第24軍の管理組織を使用するよう指示された。

ザカフカス方面軍北方部隊集団は第44軍（第414、第416、第223狙撃兵師団、第9及び第10狙撃兵旅団）、第9軍（第389、第151、第392狙撃兵師団、第11親衛狙撃兵軍団──第8、第9、第10の各親衛狙撃兵旅団──）からなり、第89及び第417狙撃兵師団、第52戦車旅団、第36及び第42装甲列車大隊、第50親衛迫撃砲連隊（ロケット砲「カチューシャ」）、第132迫撃砲連隊は予備兵力とされた。

第52戦車旅団が北方部隊集団に到着したのは1942年8月10日で、その時点ではKV重戦車10両、T-34中戦車20両、T-60軽戦車16両の計46両の戦車と他の装輪車両117両を保有していた。

1942年8月のザカフカス方面軍の戦闘活動
БОЕВЫЕ ДЕЙСТВИЯ НА РАЗЛИЧНЫХ УЧАСТКАХ ЗАКАВКАЗСКОГО ФРОНТА В АВГУСТЕ 1942 года

　北カフカス方面軍ドン作戦集団部隊（第37軍）はドイツ軍との格闘から一旦離れて、小部隊群に分かれて8月8日までにクルサーフカ～イヴァーノフスコエ～カジミンスコエ～の線で防御に就き、ピャチゴールスク方面とチェルケースク [注27] 方面を覆った。

　8月9日、ドイツ第3戦車師団はチモフェーエフ少将の率いる混成部隊とNKVD第11狙撃兵師団をミネラーリヌィエ・ヴォーディとエッセントゥキーの地区で攻撃し、8月10日にはミネラーリヌィエ・ヴォーディとピャチゴールスクを占領した。

　チモフェーエフ少将混成部隊の一部は確固とした指揮統制を持たずに独自の行動をとり、8月9日の夕暮れには短い戦闘の後にマールカ川の線に撤退を始めた。

　しかしこのとき、ソ連第37軍の諸部隊もまたマールカ川の線に後退していたのだった。8月11日に第37軍部隊はマールカ川に到達したが、北カフカス方面軍司令部との連絡が途絶してしまった。一方ソ連軍最高総司令部の指示により、この日北カフカス方面軍ドン作戦集団は編成を解かれ、その司令部も解散され、唯一集団内に残っていた寡兵の第37軍はザカフカス方面軍の指揮下に移され、

21：捕獲された半装軌式1t牽引車ベースのドイツ自走高射砲Sd.Kfz.10/5。北カフカス方面軍地区、1942年8月。
付記：2cm対空砲搭載1t牽引車は、1t牽引車の車体後部のプラットフォームに、2cmFlak30ないし38（写真の車体はFlak38を装備している）を搭載した車体で、全部で610両が生産された。対空砲は全周旋回が可能で、射撃時には周囲の金網の側板が倒される。なお側板に取り付けられているのは予備弾薬箱である。

[注27] クバン川の右岸にある現ロシア連邦カラチャーエヴォ・チェルケーシヤ共和国の首都で、スフーミ軍道の始点でもある。（訳者）

22：ソ連第11騎兵師団のドン・コサック兵らが、鹵獲したドイツ軍のツュンダップ KS 750サイドカーを調べている。1942年9月。（RGAKFD）

付記：ツュンダップKS750は、750cc 2気筒4ストロークガソリンエンジン出力26馬力を搭載し、重量400／670kg（サイドカー付）、最大速度95km/h、航続距離330km/260km（路上／不整地）、1940年から1944年まで生産された。

23：前線に向かって走るT-34/76中戦車（スターリングラード・トラクター工場製）。北カフカス方面軍マイコープ混成戦車旅団地区、1942年8月。(RGAKFD)

付記：いわゆる1941年型である。T-34はハリコフ機関車工場、スターリングラードトラクター工場、ウラル戦車工場、クラスナヤソルモボ工場など多数の工場で生産されたため、各工場ごとに細かな相違が見られる。スターリングラードトラクター工場製の車体には、独特の改良と簡略化が見られる。

24：歩兵を搭載したソ連第126独立戦車大隊所属T-26軽戦車。北カフカス方面軍沿海集団地区、1942年8月。(RGAKFD)

付記：T-26は歩兵が鈴なりで形式がわからないが、車体は角形なので、1939年型でないことはわかる。歩兵の携行する火器はモシン・ナガンで、スパイク型の銃剣が取り付けられて長い銃身がさらに長く見える。

［注28］ミネラーリヌィエ・ヴォーディからカスピ海沿岸の主要都市マハチカラーを結ぶ鉄道幹線上の都市で、特にプロフラードヌイは19世紀からロシアとザカフカスの連絡拠点であり、グローズヌイに向かう鉄道支線の分岐点でもある。(訳者)

［注29］ピャチゴールスクからロシア連邦カバルディーノ・バルカーリア共和国の首都ナーリチクにつながる幹線道路上の集落で、この部分ではマハチカラに向かう鉄道とほぼ平行して走っている。(訳者)

その北方部隊集団に編入された。

チモフェーエフ少将部隊は本部も必要な通信連絡手段も持たず、事実上配下部隊の戦闘指揮を組織することができなかったため、ザカフカス方面軍司令官は8月12日にこの部隊全部とNKVD第11狙撃兵師団を第37軍司令官の指揮下に移すことを命じた。

その第37軍は8月13日に狙撃兵師団4個を使ってマールカ川右岸に防御を整えた。

ドイツ軍はチモフェーエフ部隊を駆逐して、ミネラーリヌィエ・ヴォーディとピャチゴールスク、さらにエッセントゥキーを制圧した後、戦車及び自動車化歩兵の小規模部隊に分かれてゲオールギエフスクとキスロヴォーツクの方面に拡散し始めた。その後の数日間はドイツ軍部隊は戦闘偵察活動に終始し、ピャチゴールスクとエッセントゥキーの地区に第3戦車師団の主力とルーマニア第2山岳狙撃師団を引き寄せた。

第3戦車師団をピャチゴールスクに、第23戦車師団をミネラーリヌィエ・ヴォーディの地区に集結させたドイツ軍は、8月13日の朝から二手に分かれてゲオールギエフスク～ノヴォ・パーヴロフスカヤ～プロフラードヌイの方向［注28］とマールカ～バクサン～ナーリチクの方向［注29］に攻撃を発起した。

ソ連第37軍は後衛部隊の掩護の下でドイツ軍から離れ、マールカ川の線に後退してグンデレン川とバクサン川に沿うバクサンスキー～キシュペーク～クィズブールン～グンデレンの地区に防御を固めることができた。

第37軍第2梯団には第176狙撃兵師団がチェゲーム地区に配置された。

　ドイツ軍は第3及び第23戦車師団の先鋒をバクサン川の線に進め、一気にソ連軍の防御を突破しようとしたが、この試みは失敗した。キシュペークとクィズブールンの地区でソ連軍の防御線に食い込んだドイツ軍部隊は、反撃に遭ってバクサン川の北岸に追い返された。そして、成果を上げぬままナーリチク方向への攻撃を中止し、モズドーク[注30]方面への攻撃の準備に取り掛かった。

　モズドーク～グローズヌイ方面にドイツ軍は160両に上る戦車を集結させ（第13及び第3戦車師団、SS「ヴィーキング」師団SS「ヴィーキング」戦車大隊の全部隊、第128狙撃兵連隊を除く第23戦車師団、さらに50～60両の戦車）、モズドーク地区に主力部隊を展開させた。臨時に第3及び第13戦車師団は第40戦車軍団に、また第370及び第111歩兵師団は第52軍団の編制に入った。

　ナーリチク方面のソ連第37軍との戦闘にドイツ軍は第3戦車軍団第23戦車師団第128狙撃兵連隊と戦車50～60両、それにルーマニア第2山岳狙撃師団を投入した。

　8月23日、ドイツ軍は第3及び第13戦車師団、第111歩兵師団を使ってモズドークの直接攻撃に移った。コルネーエフ少佐の部隊とロストフ砲兵学校はソ連第26予科狙撃兵旅団[注31]と協同で、モズ

25：敵を攻撃中のソ連第52戦車旅団所属のT-34中戦車とKV重戦車。ザカフカス方面軍北方部隊集団地区、1942年9月。（ASKM）
付記：KV-1 1942年型で、車体後部張り出し部の平面装甲板がわかる。砲塔上面に対空機関銃が装備されているのが珍しい。

[注30] 現ロシア連邦北オセチヤ共和国の主要都市のひとつで、前記マハチカラー鉄道線が走り、プロフラードヌイの東にあり、バクサンとも道路がつながっている。（訳者）
[注31] 召集兵の訓練を主にする旅団。（訳者）

25

ドークの傍を流れる川にかかる橋梁に造営された防御施設に依拠して3日間にわたる激戦を展開した。しかし、ドイツ軍の優勢な兵力に圧されて、8月25日にはモズドークを放棄し、テーレク川の右岸に撤退せざるを得なくなった。

モズドーク方面への攻撃と同時に、ドイツ軍は8月25日の午後には第23戦車師団部隊を使ってプロフラードヌイを北と東から挟撃した。37両の戦車で強化されたドイツ歩兵2個大隊がポルターヴァ・トラクター学校の赤軍防御拠点を突破し、守備隊が400名にも満たなかったプロフラードヌイ市に突入した。ソ連軍守備隊はこの日の終わりには市内からマールカ川右岸への後退を強いられた。

こうして、8月26日までにドイツ軍はソ連北方部隊集団の先鋒を駆逐し、モズドーク市とプロフラードヌイ市を攻略し、イシチェールスカヤからバクサン峡谷に至る地区でテーレク川とバクサン川の左岸に進出した。

ザカフカス方面軍北方部隊集団を強化し、バクー方面にさらに深い縦深防御地帯を構築してそこに兵力を展開させるため、ソ連軍参謀本部訓令第989233号に基づいて8月28日に第58軍が編成された。第58軍には、その頃編成作業を完了しつつあった第317、第328、第337の3個狙撃兵師団と、さらに第3狙撃兵旅団、NKVDマハチカラー狙撃兵師団、第136砲兵連隊、第1147榴弾砲連隊も含まれ、マハチカラー地区に駐屯した。同軍司令官にはV・ホメンコ少将が任命された。

このように、1942年8月末には北方部隊集団の編制内には4個軍（第44、第9、第37、第58）が置かれ、そのうちの3個軍はテーレク川とバクサン川の線で防御に就き、第58軍は第2梯団として待機する形となった。

また、北方部隊集団の戦車兵力もかなり成長した。8月末には前線に第249、第258、第563独立戦車大隊が到着した。第249独立戦車大隊は戦車中隊4個からなり、イギリス製戦車Mk.Ⅲヴァレンタイン9両とアメリカ製M3軽戦車20両を保有していた。第258独立戦車大隊はヴァレンタイン戦車8両とM3軽戦車20両を、第563独立戦車大隊はヴァレンタイン戦車16両とM3軽戦車14両をそれぞれ装備していた。これら3個大隊は第191教導戦車旅団（スムガイト市）を基幹に編成されたが、それは米英両国の戦車の操作教習に特化された部隊であった。

マルゴベーク防衛作戦（1942年9月1日〜28日）
МАЛГОБЕКСКАЯ ОБОРОНИТЕЛЬНАЯ ОПЕРАЦИЯ (1-28 сентября 1942 г.)

　マルゴベーク[注32]防衛作戦は、テーレク川の線で戦闘に参加し、ドイツ軍の行く手に立ちはだかったザカフカス方面軍北方部隊集団の最初の作戦となった。この作戦は、ソ連軍のカフカス防衛戦のなかでも重要な位置を占めている。というのも、まさにこの作戦によって、1942年9月25日までにグローズヌイ及びバクー油田地区の奪取を目指したドイツ軍の計画が頓挫させられたからである。9月1日から28日にわたって続いた激戦の末、ドイツ軍部隊は多大な損害を出し、進撃を阻まれてしまった。

　ドイツ軍はテーレク川渡河のため、イシチェールスカヤ〜モズドーク〜パヴロドーリスカヤ〜プロフラードヌイ〜デメンチエフスキー〜アヴァーロフの地区に、第111及び第370歩兵師団と第13及び

26：ソ連第52赤旗章叙勲戦車旅団司令官のV・フィリッポフ少佐。ザカフカス方面軍北方部隊集団地区、1942年9月。（ASKM）
付記：赤旗勲章が誇らしげに胸を飾っているのがわかる。

[注32] マルゴベークはモズドークの南方にあり、1935年から現地の油田開発に伴い開かれた町。
（訳者）

27：第52戦車旅団司令部用自動車GAZ-64のそばで打ち合わせをする旅団司令官のV・フィリッポフ少佐（右）と政治担当副司令官I・グリツェンコ上級大隊政治委員（中佐相当：訳者注）。ザカフカス方面軍北方部隊集団地区、1942年9月。（ASKM）
付記：車両はレンドリースで供与されたジープのようだ。

第3戦車師団からなる突撃部隊を集結させた。

そして9月2日早朝、短い準備砲撃の後モズドーク地区でテーレク川の渡河を開始した。この地区のプレドモーストヌイとキズリャールの戦区では戦闘の末にこれらの集落を制圧した。

迎え撃ったソ連第11親衛狙撃軍団第8及び第9各親衛狙撃旅団は終日激戦を続け、ドイツ軍渡河部隊の遅滞、殲滅に努めた。キズリャール地区でテーレク川にドイツ軍が設置した渡河施設を破壊したソ連第9親衛狙撃兵旅団は、パヴロドーリスカヤ地区のテーレク川左岸に精強部隊を送り込み、この集落を奪還した。

しかし、夕暮れまでにドイツ軍はキズリャール地区の渡河施設を復旧させ、そこに獲得した橋頭堡に兵力の集結を続けた。そして、9月3日の朝には霧の立ち込める悪天候を利用してプレドモーストヌイ地区のテーレク川南岸に1個連隊以上の歩兵と20両に上る戦車を、キズリャール地区では1個大隊規模の歩兵をそれぞれ渡河させ、進撃を再開して橋頭堡の拡大を目指した。正午にはソ連軍部隊の抵抗を押し退けてテールスカヤ占領に成功した。だが、別の戦区ではプレドモーストヌイとキズリャールの両地区からさらに南へ攻撃を拡大させる試みはソ連軍に撃退されてしまった。ソ連第9親衛狙撃兵旅団はパヴロドーリスカヤ地区から東方にテーレク川左岸に沿って攻撃を発起し、一部ドイツ軍予備兵力の注意を引きつけた。

ドイツ軍は9月に4日にかけての夜半、イシチェールスカヤ地区

28

に歩兵1個大隊と戦車を集結させ、ムンダル・ユルト村の北に広がる森の中に忍び込ませた。この歩兵大隊は朝から南方への進撃を開始したが、ソ連第389狙撃兵師団部隊に駆逐された。このとき、プレドモーストヌイ～キズリャール戦区でドイツ軍のヴォズネセンスカヤ方向への攻撃が発起された。この結果、ドイツ軍はプレドモーストヌイから南に10km前進した。1700時にはこのドイツ軍歩兵と戦車はソ連第9軍突撃部隊（第62狙撃兵旅団と第249独立戦車大隊）の迎撃に遭い、戦車5両を失って3km北方に後戻りした。そのころソ連第8親衛狙撃兵旅団はプレドモーストヌイを東から攻め、第9親衛狙撃兵旅団はキズリャールの南端で戦闘を繰り広げていた。この前にパヴロドーリスカヤ地区に進出していた第9親衛狙撃師団の隷下部隊はドイツ軍の圧力に抗しきれず、この町を棄ててテーレク川右岸に渡河した。

　これらの戦闘でドイツ軍は1個連隊に満たない歩兵と29両の戦車でプレドモーストヌイの南へ8kmの前進を果たした。同時にまた、プレドモーストヌイ～キズリャール地区の橋頭堡をさらに拡大しようと、第111歩兵師団及び第3戦車師団の主力部隊のプレドモーストヌイ地区テーレク川南岸への渡河を続けていた。

　9月5日の夕暮れまでにドイツ軍はソ連第8及び第9親衛狙撃兵旅団の連接部に幅4kmの回廊を切り拓くことに成功した。そしてこの回廊に9月6日朝から戦車部隊を走らせ、南方への攻勢を拡大させていった。この日はヴォズネセンスカヤ方向に5～7kmの前進を遂げたが、突破戦区を拡張することはできなかった。ドイツ軍のヴォ

28：行軍中のソ連第1174対戦車駆逐連隊所属の大隊。ウィリスMB自動車が45mm砲1937年型を牽引している。ザカフカス方面軍地区、1942年9月。（ASKM）

付記：いわゆるジープである。ジープはレンドリースにより、実に7万7,972両もの多数が供与された。60馬力ガソリンエンジンを搭載し、重量1.1t、最大速度104km/h、航続距離480km。強力、堅牢な車両であるが、45mm対戦車砲の牽引はさすがに少々オーバーロードではないだろうか。

29：北カフカスのある集落に進入するドイツ軍のⅡ号戦車とⅢ号戦車。1942年9月。（ASKM）

付記：Ⅱ号戦車c～C型改修型で、砲塔上面にキューポラが取り付けられているのがわかる。Ⅱ号戦車c～C型は、1937年3月から1940年4月までに1,113両が生産された。Ⅲ号戦車はJ型後期の長砲身砲装備型のようだ。Ⅲ号戦車J型後期型は、1941年12月から1942年7月までに1,067両が生産された。

ズネセンスカヤ方向への前進とプレドモーストヌイ～テールスカヤ地区のテーレク川右岸橋頭堡の拡大を目指すその後の試みは、ソ連第8及び第9親衛狙撃兵旅団と第249独立戦車大隊で増強された第62狙撃兵旅団による抵抗のために失敗した。ソ連第9軍はドイツ軍の進撃を止めることで、不利な形勢に陥った敵部隊に対して反撃を発起する環境を整えた。

この間のソ連戦車部隊は活発な行動を見せ、ヴァレンタイン戦車9両とM3軽戦車20両を保有していた第249独立戦車大隊は9月3日にヴォズネセンスカヤの北方に集結し、第9軍司令官の指揮の下に第11親衛狙撃兵軍団と連携活動の中で初陣を飾った。第249独立戦車大隊は第191教導戦車旅団の兵員から編成されたが、彼らは大隊編成の前からお互いをよく知っており、そのため第249独立戦車大隊は団結力と助け合いの精神、熟練度の高さが際立っていた。

1942年9月の4日、5日、7日、8日、この大隊はドイツ軍の戦車及び自動車化歩兵と激戦を交え、敵の戦車12両と火砲13門、自動車数台を撃破し、さらに1個中隊規模の兵を殲滅した。他方、自らの損害も戦車24両に達し、そのうち10両は砲兵射撃を受けて炎上させられ（しかもこのうちの5両は混乱した友軍砲兵の犠牲となった）、14両が撃破された。ドイツ軍が撤退したため、すべての戦車は戦場から回収された。また、この戦闘で第249大隊はドイツのⅢ号戦車2両を鹵獲した。

この間の戦闘で優秀な活躍を示したのは、自らドイツ戦車5両を撃破した戦車大隊指揮官マルニャーク大尉と大隊政治将校のルイコフ上級政治委員（大尉相当）、それぞれ2両ずつ敵戦車を撃破したアレクセーエフ中尉とサポーノフ中尉らであったが、マルニャーク大尉とルイコフ上級政治委員は戦死した。

　9月6日、ソ連第9親衛狙撃兵旅団と第417狙撃兵師団は第258独立戦車大隊で増強され、さらに爆撃機部隊と2個砲兵連隊の支援を受けてドイツ軍部隊を半円形に圧迫し、より困難な態勢に持ち込んだ。

　第258独立戦車大隊もまた、第191教導戦車旅団第21教導戦車連隊を基幹に編成され、28両の戦車（M3軽戦車19両、Mk.Ⅲヴァレンタイン戦車9両）を保有していた。大隊は1942年9月6日のテーレク川南岸、プレドモースヌイ地区で初陣を飾った。そこでは第10親衛狙撃兵師団及び第176狙撃兵師団の隷下部隊と連携して、9月11日までドイツ軍の戦車と歩兵を相手に善戦を続けた。

　この間に第258独立戦車大隊は、敵の戦車32両と砲21門、軍需物資を積載した馬車4台を破壊し、150名を超える将兵を倒した。その一方、自らも戦車22両を失い、そのうち11両は全焼した。戦場から回収できた車両は9両だけであった。人員の損害は、戦死4名、負傷8名、行方不明25名を数えた。

　第258独立戦車大隊の戦闘報告書には、1942年9月9日に劣勢に立たされながらも健闘した戦車兵の活躍が記録されている。12両のソ連戦車はドイツ軍のⅣ号及びⅢ号戦車計40両の圧迫に堪え、逆に戦車18両の損害を与えた。この戦闘における勇猛な働きに対して、第258独立戦車大隊の15名が政府勲章叙勲候補に推薦された。

　9月7日の朝までにソ連軍の反撃部隊は第52戦車旅団と第75独立戦車大隊、第863対戦車砲連隊で増強された。この戦車兵力はマルゴベークの北7kmにある第14ソフホーズ［注33］地区に集結し、第11親衛狙撃兵軍団部隊と共にニージニー・ベコーヴィチ方面の敵に反撃する任務が与えられた。

　9月7日の朝から第11親衛狙撃兵軍団はこの戦車部隊と第62狙撃兵旅団、第417狙撃兵師団と連携して反撃を発起し、ソ連軍防御地帯に食い込んだドイツ軍部隊を殲滅しようとした。しかし、ソ連戦車部隊は76両という比較的多数の車両（第52戦車旅団にはKV重戦車10両、T-34中戦車20両、T-60軽戦車16両、第75独立戦車大隊にはM3軽戦車30両）を持っていたが、反撃の準備と実施にあたって大きなミスを犯した。

　ソ連第52戦車旅団司令官のチェルノーフ大佐は、ドイツ軍は「ソ連戦車の無敵艦隊」に圧されてあっという間に退散するだろうと思

30：敵機の襲撃に応戦するソ連第258独立戦車大隊の戦車兵。ザカフカス方面軍地区、1942年9月。（ASKM）

付記：レンドリースの戦車に機関銃、短機関銃で、まるでアメリカ軍みたいだ。M3スチュアートは1,676両が供与されたが、そのうち多くはディーゼルエンジンを装備したM3A1であった。車高が高くあまり評価はよくなかったようだが、ソ連製のT-60、T-70軽戦車より優れていると評価されたようだ。機関銃は7.62mmブローニングM1917A4、短機関銃はテレビドラマ『コンバット』のサンダース軍曹が持っていたことで有名な11.43mmトンプソンM1928M1「トミーガン」のようだ。

31：水濠を渡るソ連第258独立戦車大隊のM3軽戦車。ザカフカス方面軍地区、1942年9月。（ASKM）

付記：M3の最後期生産型か。M3A1の生産は1941年8月に生産が開始されたが、M3も1942年8月まで並行して生産されており、両者の特徴が交じり合った車体も存在する。車体番号の58-は、ドイツ軍に所属を察知されないように部隊番号258の下2桁だけ記したものの。

［注33］国営農場。（訳者）

30

31

い込み、偵察も行わず、歩兵や砲兵との連携計画も練らずに30両の重戦車と中戦車をドイツ軍陣地に走らせた。数時間後、ドイツ軍の防衛線の手前には、撃破された14両のT-34と2両のKVを包む炎が尽きようとしていた。

もはやソ連軍部隊にはわずか8両のKV重戦車と数十両の軽戦車しか残されていなかったが、これは敵歩兵の相手にしかならない。「戦闘活動の組織・監督における無能と逡巡な行動につき、第52戦車旅団司令官チェルノーフ大佐は革命裁判所の法廷に送られ、8年の実刑判決を言い渡された」とはいえ、失われた兵員と兵器を取り戻すことはできない。新しい指揮官ら（旅団司令官にはV・フィリッポフ少佐が任命された）は残された戦車を使って反撃を続行した。

そして9月7日の夕暮れには、ソ連軍防御地帯に15kmも奥に斬り込んでいたドイツ軍部隊は、北に10〜12kmのプレドモーストヌイ〜キズリャール地区に追い返され、戦場には戦車20両と砲7門、迫撃砲10門、将兵800名の屍を残していった。

出撃地点に戻ったドイツ軍はテーレク川右岸のテールスカヤ〜プレドモーストヌイ〜キズリャール地区の橋頭堡を維持しようと、ソ連第9軍の反撃部隊に抵抗を続けた。この方面での戦闘は9月10日まで続いたが、第9軍部隊は敵をテーレク川の対岸に駆逐することはできなかった。この橋頭堡を守っていたドイツ軍はソ連第11親衛狙撃兵軍団の攻撃に粘り強く耐えていた。

この間ドイツ軍司令部は第13戦車師団をウスチ・ボガトゥイリ地区から引き抜き、モズドーク西方のテーレク川左岸に沿ったノヴォ・オセチンスカヤ〜チェルノヤールスカヤ〜テーレク国営農場地区に展開させた。キズリャール地区の橋頭堡を防衛していたドイツ第370歩兵師団部隊は、第13戦車師団の2個戦車大隊の増援を受けた。

9月11日、ドイツ軍は第111及び第370歩兵師団に第13戦車師団の2個大隊を付けた兵力をもって、火砲と航空機の支援の下に再びキズリャール〜プレドモーストヌイの地区から攻勢に移った。そして、この日の夕暮れにはソ連第9親衛狙撃兵旅団の隷下部隊を押し退けて、橋頭堡をキズリャール地区で幅14km、縦深4〜5kmにまで広げ、さらにラズドーリノエ、ノヴォ・ニコラーエフスキー、ヴィノグラードノエ、スホーツキーの集落を手に入れた。9月12日の朝までにドイツ軍はテーレク河の南岸にハミージヤ地区で渡河し、第13戦車師団の主力はマルゴベークへの進撃まで始めた。

この日マルゴベーク地区西部で偵察活動を行っていた第75独立戦車大隊の小隊指揮官パーフキン中尉は、16両編成のドイツ戦車縦隊が移動しているのを発見した。パーフキンは部隊に待ち伏せ態勢を取らせ、敵をひきつけてから勇猛果敢な攻撃を仕掛け、11両

32：ソ連第258独立戦車大隊に配備されたアメリカ製M3軽戦車。ザカフカス方面軍北方部隊集団地区、1942年9月。（ASKM）

付記：円筒形砲塔で砲塔上部にキューポラは装備されていないが、車体スポンソンに機関銃が装備されており、M3の最後期生産型であろう。

33：ドイツSS「ヴィーキング」自動車化歩兵師団のオートバイ偵察隊がテーレク川を渡河している。北カフカス地方、1942年9月。（RGAKFD）
付記：車両はサイドカー付きツュンダップKS750オートバイのようだ。

　の戦車を撃破した。しかも、パーフキン小隊は人員や兵器の損害は出さなかった。
　120両からなるドイツ戦車部隊が戦闘偵察の後、歩兵数個大隊の支援を得てソ連軍部隊を攻撃したが、このときはソ連第52戦車旅団の戦車兵が忍耐強く勇気ある英雄的な戦いぶりを見せた。その中でも特に活躍が際立ったのは、ペトローフ上級中尉が指揮するKV重戦車の乗員で、彼らは1回の出撃でドイツ軍の中戦車14両を破壊した。第52旅団は戦車6両の損害を出したが、それはみなこの日の内に回収、修理された。負傷者は7名であった。
　ソ連北方部隊集団第10親衛狙撃兵軍団は、プレドモーストヌイ地区のドイツ軍部隊を殲滅すべく、第11親衛狙撃兵軍団との連携行動を9月11日に開始したが、それはモズドーク市地区の戦況全般には影響しなかった。というのも、モズドーク地区のドイツ軍部隊を壊滅させるに十分な兵力が割かれなかったからである。
　ソ連第37軍第11親衛狙撃兵軍団左翼部隊は兵力の優勢なドイツ軍部隊に襲われ、テーレク山脈沿いにあらかじめ準備されていた陣地に後退せざるを得なくなった。ここではソ連第9親衛狙撃兵旅団と第62狙撃兵旅団がドイツ第13戦車師団及び第370歩兵師団の攻撃をまともに受けたため、過酷な戦いを強いられた。しかし、9月14日の夕刻までには第11親衛狙撃兵軍団及び第151狙撃兵師団の隷下部隊はドイツ軍のさらなる進撃を食い止めることに成功した。

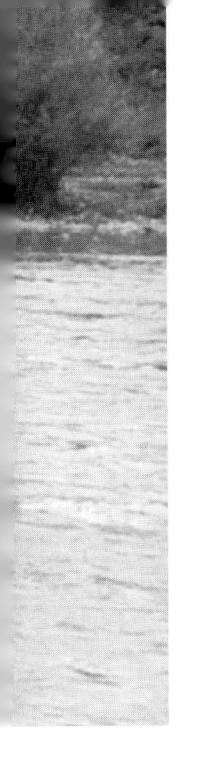

そこで、ソ連第9及び第37軍は、突出しているドイツ軍部隊を殲滅し、テーレク川沿いの形勢を回復すべく、反撃の準備に着手した。そのために2個の突撃集団が編成された。1個はノガイ・ミルザの西7kmの地区に第10親衛狙撃兵旅団と第417狙撃兵師団部隊をプレドモーストヌイへの攻撃に集結させ、第2突撃集団としては第275狙撃兵師団をキズリャール攻略のためにヴェールフニー・アクバーシュ地区に向かわせた。

　アルハン・チュルト盆地への進入を掩護するため、プセダーフ地区に戦車集団（第52戦車旅団及び第75独立戦車大隊）が集結し、ドイツ軍の戦車と自動車化歩兵がサゴプシン及びプセダーフ方面においてこの盆地に突入してくるのを防ぐ任務を受領した。

　また、支援砲撃のために3個の軍砲兵集団が編成された。第1軍砲兵集団は第69親衛砲兵連隊2個大隊と第337榴弾砲連隊1個大隊、第1115及び第1174対戦車砲連隊からなり、ヴォズネセンスカヤとマルゴベークの両地区に主射撃陣地を設置した。第1軍砲兵集団の

34

34：ドイツ国防軍コサック部隊（ドイツ軍に投降したコサックたちで編成された部隊：訳者注）を閲兵するフォン・レンテルン大佐。戦車のシルエットにFの文字が入った袖章は、F特殊軍団戦車部隊の所属を意味しているかもしれない。北カフカス地方、1942年10月。（RGAKFD）

課題は、第10親衛狙撃兵旅団及び第417狙撃兵師団諸部隊の反撃を保障することにあった。

第2軍砲兵集団は第68親衛砲兵連隊2個大隊、第337曲射砲連隊1個大隊から編成され、サゴプシン地区に展開し、第9親衛及び第62狙撃兵旅団の歩兵支援を担当した。

第3軍砲兵集団の編制には第1231榴弾砲連隊と第69親衛砲兵連隊1個大隊、第337榴弾砲連隊1個大隊、第136高威力砲兵連隊第2大隊が含まれ、第37軍部隊の反撃を援護することになった。

9月14日の朝からソ連第10親衛狙撃兵軍団は、第1230平射砲連隊1個大隊と第133迫撃砲3個中隊、第92親衛砲兵連隊第1及び第2大隊、第44親衛迫撃砲連隊（ロケット砲「カチューシャ」）からなる砲兵集団の支援を受けて、メケンスカヤの北東及び東の線から反攻の全体方向に沿ってイシチェールスカヤとモズドークへ攻撃を発起した。この日の夕刻には軍団隷下部隊はイシチェールスカヤへの近接路にまで進出した。そこでドイツ軍はこの方面を、ソ連第10親衛狙撃兵軍団のさらなる進撃をストップさせることに成功した第23及び第3戦車師団部隊を使用して強化せざるを得なくなった。

ソ連第11親衛狙撃兵軍団は9月15日の朝から反撃に移り、二手に分かれて、右翼部隊はノガイ・ミルザの南西7kmの地区からプレドモーストヌイへ、左翼部隊はアーム湖地区からニージニー・クールプへそれぞれ攻めて行った。右翼部隊の反撃はこの方面におけるドイツ軍の攻撃と衝突した。戦闘は苛烈さを増していった。ソ連軍部隊はこの方面で前進することはできなかったものの、敵に多大な損害を与え、攻撃続行能力を奪うことに成功した。アーム湖地区から発した左翼部隊の反撃は最も大きな成果を上げ、この方面で4〜5km前進し、敵に大きな損害を与えてフシャーコ山を占領した。

ソ連第37軍の突撃集団は9月15日の朝にヴェールフニー・アクバーシュの北東から反撃に転じたが、ドイツ軍の歩兵と戦車の頑強な抵抗に遭遇した。それから3日間続いた戦闘で、ソ連第275狙撃兵師団はドイツ第13戦車師団の攻撃部隊に大損害を与え、5〜8km押し返した。国営種畜牧場付近でのソ連第151狙撃兵師団の反撃はうまく行かず、その左翼部隊のみが2.5km前進し、ハミージヤの争奪戦に突入した。

ドイツ軍はソ連第37軍の反撃に対抗するために部隊の再編成を行い、第370歩兵師団をニージニー・クールプ地区に、そして第13戦車師団の主力はハミージヤ地区に集結させた。ドイツ軍の橋頭堡で行われたこの作業は、ソ連軍の偵察部隊はすぐに察知することができなかった。ソ連第37軍部隊はすでに与えられていた任務の遂行にあたり、今までの方面で得た成果を拡大させようとしていた。また、ソ連第9軍部隊はドイツ軍の強力な抵抗を受け、以前と

35：戦闘準備を進めているドイツ第1山岳師団の歩兵。北カフカス地方、1942年9月。（RGAKFD）
付記：手前の書類を持った兵士と右こちらに半身振り向いた兵士は、9mmMP40短機関銃を脇に携行している。左奥の兵士は7.92mmK98ライフルを背負っている。

同じ線で戦闘を続けていた。

　第37軍第151狙撃兵師団はドイツ戦車部隊との苛酷な戦闘を強いられることになったが、支援砲兵の兵器が不十分であったため弱体化してしまった。対戦車砲兵の増援はなされぬままであった。

　9月19日にドイツ軍は再び攻勢に移り、第13戦車師団による主攻撃をハミージヤ地区からクヤンとアリークに向けて、また戦車の増援を受けた第370歩兵師団の兵力をもってニージニー・クールプからヴェールフニー・アクバーシュとプラーノフスコエに補助的な攻撃を発起した。

　9月22日、ソ連第10親衛狙撃兵軍団は第44独立戦車大隊（KV重戦車3両、T-34中戦車7両、BT-7快速戦車4両）と協同でドイツ軍の攻撃をテーレク川西岸のアルパートヴォ付近で迎え撃ち、3回も反

撃に出て敵の戦車3両と対戦車砲3門、遠距離砲2門、自動車1台を破壊し、将兵80名を戦死させた。第44独立戦車大隊の損害は、7名が戦死し、5名が負傷、それに戦車2両（KVとT-34）が撃破された。

エリホートヴォへの突破を目指したドイツ軍は攻撃を強め、戦闘に100～150両単位の戦車群を投入し、デイスコエ、ヴェールフニー・アクバーシュ、タンボーフスキーを占領し、ソ連第59及び第60狙撃兵旅団をヴェールフニー・クールプ～プラーノフスコエの線に、また第275狙撃兵師団をテーレク川左岸（西岸）に後退させた。そして、さらに攻勢を拡大させながら、第59及び第60狙撃兵旅団部隊を襲い、プラーノフスコエとイラリオーノフカを攻め、ソ連旅団をスンジャ山脈の西麓に追い詰め、9月24日の夕刻にはこれらの集落を獲得した。

ドイツ軍は南方への攻勢拡大と同時に、9月23日にはマーイスコエ、コトリャローフスカヤ、アレクサンドロフスカヤにも攻撃の矛先を向け、これらの集落を奪取し、9月24日の夕暮れまでにテーレク川左岸（西岸）に陣地を固めた。

ソ連軍の北カフカス防衛戦においては装甲列車が特別な役割を演じた。9月の戦闘の時期には北カフカス方面軍編制下にはチェルヴリョンナヤ [注34] 装甲列車集団と第42独立装甲列車があった。

装甲列車集団には第36独立装甲列車大隊第1及び第2列車、第17、第18、第66の各装甲列車、NKVD装甲列車が含まれていた。装甲列車集団の任務には、テーレク～チェルヴリョンナヤの鉄道区間警備や橋梁が破壊されたチェルヴリョンナヤ川の渡河掩護、アストラハン方面への装甲列車移動の保障があった。

これらの任務にしたがって、第36独立装甲列車大隊第1列車はシチェードリンスカヤ、第36独立装甲列車大隊第2列車とNKVD独立装甲列車はチェプロヴォードヌイ待避駅、第17独立装甲列車はチェルヴリョンナヤ、第18独立装甲列車はキズリャール方面へ54kmの地点、第66独立装甲列車はキズリャールにそれぞれ展開した。

1942年8月から9月にかけて、装甲列車はそれぞれの戦区でドイツ軍の歩兵、戦車との戦闘を繰り返し、敵の密集地点を砲撃してはソ連狙撃兵部隊の活動を保障した。9月9日に発生したテーレク駅を巡る戦闘は特筆に値する。このとき、第36独立装甲列車大隊第1列車とNKVD独立装甲列車は狙撃兵部隊と連携して大きな戦果をあげた。ドイツ軍の装甲車を3台破壊したうえ、2台の装甲車と司令部用自動車1台、砲3門を鹵獲し、さらに1個小隊規模の敵歩兵を戦死させたのだ。

2本の装甲列車からなる第42独立装甲列車大隊は、プロフラードヌイ～コトリャローフスカヤ戦区を守り、ドイツ軍が鉄道の路盤を使って移動するのを許さず、ソ連第37軍部隊と協力して敵のマー

[注34] 川の名前であるが、深紅という意味も持つ。（訳者）

塗装とマーキング
SCALE 1:50

2m

ザカフカス方面軍第52赤旗章叙勲戦車旅団T-34中戦車、1942年9月。(写真25参照)

ザカフカス方面軍第52赤旗章叙勲戦車旅団KV-I重戦車、1942年9月。(写真25参照)

北カフカスでの軍事行動の推移（1942年7月～12月）

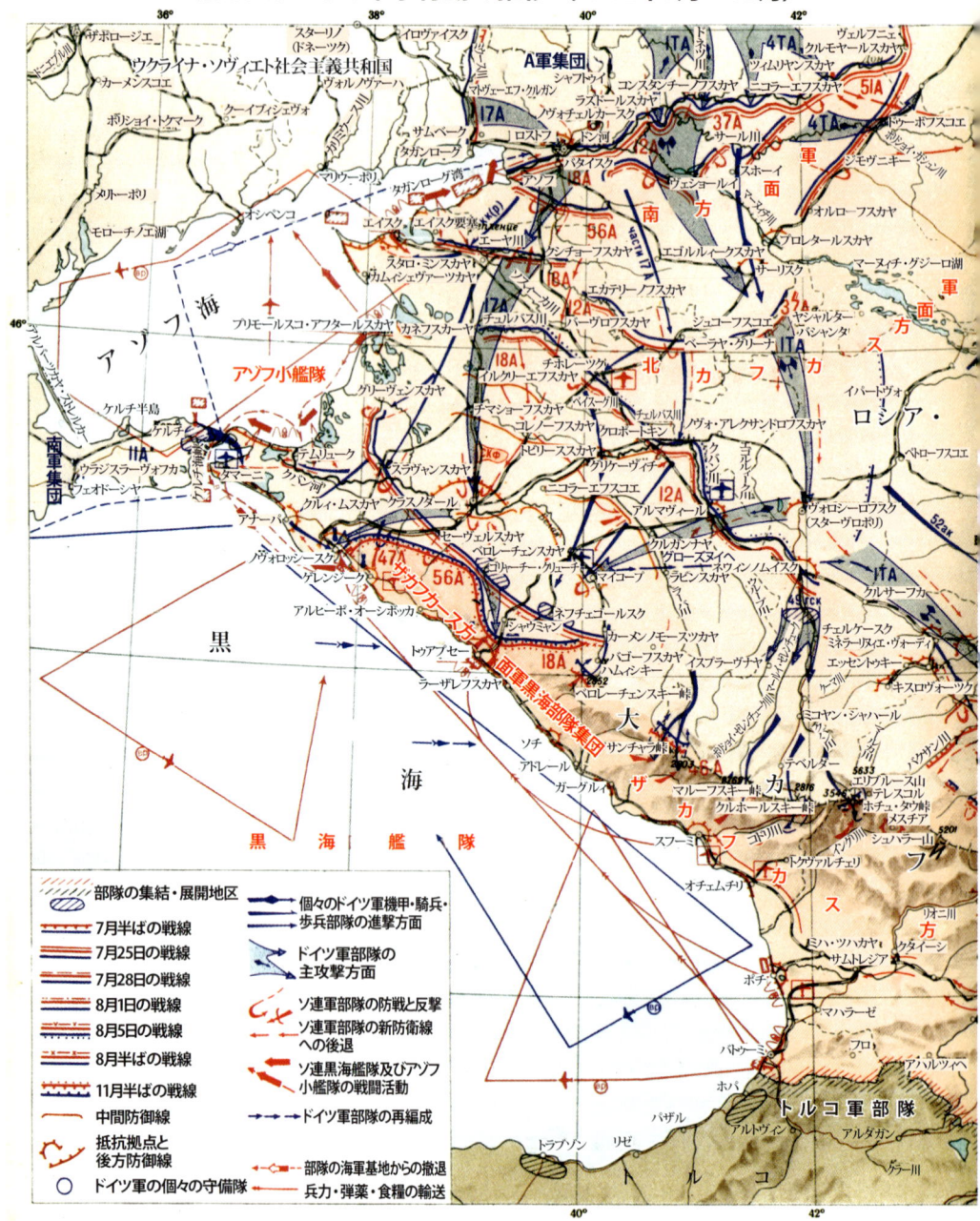

※本書掲載の戦況地図及び未掲載の追加戦況地図は、小社ウェブサイト〈http://www.modelkasten.com〉よりPDF形式にてダウンロードが可能となっています。(2004年7月現在)

右：ザカフカス方面軍第258独立戦車大隊所属のMk.IIIヴァレンタインII、1942年9月。
下：ザカフカス方面軍第52赤旗叙勲戦車旅団のMk.IIIヴァレンタインIV、1942年11月。(写真52参照)

ザカフカス方面軍第52赤旗叙勲戦車旅団司令部車GAZ-64、1942年9月。

上：ザカフカス方面軍第52赤旗勲戦車旅団のT-60軽戦車、1942年11月。（写真103参照）
下：ザカフカス方面軍第207戦車旅団第562戦車大隊に配備されていたT-26戦車1933年型、1942年11月。（写真53参照）

上：ザカフカス方面軍第132独立戦車大隊で使用されたT-60軽戦車、1942年11月。（写真59、64参照）
下：ザカフカス方面軍第258独立戦車大隊に配備されたM3軽戦車（M3スチュアート）、1942年9月。（写真31参照）

ドイツ第13戦車師団所属の重装甲車Sd.Kfz.231。北カフカス地方モズドーク地区、1942年11月。（写真77参照）

ドイツ第23戦車師団のⅢ号戦車L型。北カフカス地方モズドーク地区、1942年11月。（写真39参照）

2m

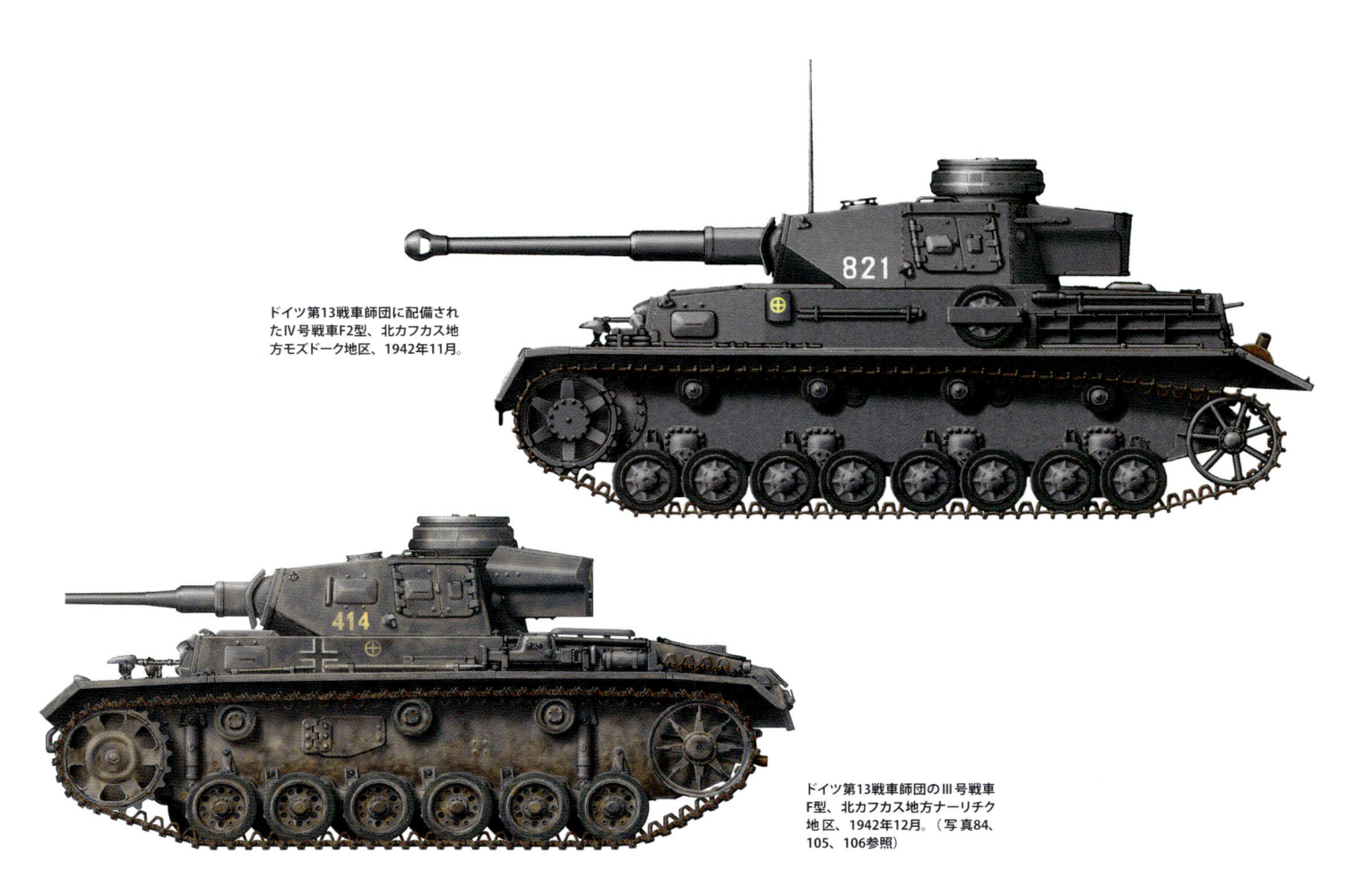

ドイツ第13戦車師団に配備された IV 号戦車 F2 型。北カフカス地方モズドーク地区、1942年11月。

ドイツ第13戦車師団の III 号戦車 F 型。北カフカス地方ナーリチク地区、1942年12月。(写真84、105、106参照)

上：ドイツ第3戦車師団のII号戦車、北カフカス地方、1942年10月。(写真96参照)。
上右：ドイツ第13戦車師団所属のII号戦車、北カフカス地方モズドーク地区、1942年11月。(写真77参照)

ドイツ第3戦車師団の指揮装甲輸送車Sd.Kfz.250／3、北カフカス地方、1942年11月。(写真97参照)

ルカ川とバクサン川の渡河を阻止することを課題としていた。

　9月11日に第42独立戦車大隊第1列車はマールカ川鉄橋付近でドイツ戦車6両と戦火を交えてそのうち2両を破壊し、装甲列車偵察部隊は敵の自動車運転兵を車両ごと捕虜に取った。他方、装甲列車の機関車両には7個の弾痕が残っていた（ボイラーとテンダーを貫通）。

　9月16日、第42独立装甲列車大隊はプリシープスカヤ～ムルターゾヴォ～コトリャローフスカヤの戦区を占め、マルゴベーク～ハミージヤ方面の鉄道線路掩護の任務を受領した。ドイツ軍がムルターゾヴォ地区に進出したとき、第42独立戦車大隊第2列車は敵の自動車化歩兵と戦車と戦い、戦車8両と歩兵搭載車両9両を破壊した。

　ソ連軍の粘り強い抵抗と反撃にドイツ軍の攻撃部隊はかなり疲弊し、この地区に新たな兵力を投入しなければ、攻勢の続行は不可能となった。特に、ソ連第11親衛狙撃兵軍団と格闘していたドイツ第111及び第370歩兵師団の兵力の消耗ぶりが激しかった。ドイツ軍はマルゴベーク地区部隊強化のため、トゥアプセー方面からSS「ヴィーキング」師団を転進させた。そして9月24日、到着したこの師団の諸部隊をフシャーコ～ニージニー・クールプ地区の第1防衛線に配置した。

　このときソ連軍はマルゴベーク～サゴプシンの地区に、マルゴベーク方面に反撃を発起するための第9軍突撃集団の編成を進めていた。なぜなら、この戦区のドイツ軍部隊が最も弱体化していたからだ。

　9月27日、ソ連軍はサゴプシン地区にさらに30両の戦車（KV重戦車5両、T-34中戦車2両、Mk.Ⅲヴァレンタイン戦車1両、M3軽戦車8両、T-60軽戦車13両、Ⅳ号戦車1両）からなる第52戦車旅団を送り込むことに成功した。戦車旅団には、いかなる犠牲を払ってもドイツ戦車のアルハン・チュルト盆地への突入を阻止せよ、との任務が課された。

　盆地防衛部隊として、V・フィリッポフ少佐の第52戦車旅団の他にF・ドリンスキー少佐の砲兵部隊と自動車化狙撃兵大隊1個が加わった。盆地防衛の主役は戦車部隊に与えられた。あたりが夕闇に包まれる頃、フィリッポフとドリンスキーは相互の連携行動についてようやく打ち合わせを済ませた。盆地への入り口は最も狭いところで7kmを越えないため、それぞれ独自に防御戦闘を実行できる対戦車防御拠点を数列設置することが決められた。これらの対戦車拠点は盆地の相当奥深くにまで縦深配置された。各拠点は、戦車の待ち伏せ陣地を中心にして両翼に対戦車砲及び自動小銃部隊を並べる形で設置された。

　対戦車防御第1線の任務は、攻めて来るドイツ戦車群をばらば

に分断し、大きな損害を与えることにあった。それゆえ、第1線が最も強固に築かれた。それは戦車中隊2個から形成され、互いに火線が連携する3個の待ち伏せ陣地に分散配置された。戦車は地面に埋設され、敵の進行方向に対して45度の角度を付けて待機した。このような戦闘隊形は、複数の方向に対して一斉に同じ威力の射撃を行うことを可能にした。

対戦車防御第2線は第1線から2km離れたところに引かれた。そこにはKV重戦車数両と対戦車砲が配置された。第3線もまた個々の戦車と対戦車砲から形成され、これらの線ではドイツ戦車にとどめを刺すことになっていた。第52戦車旅団司令官の指揮所はこれらの拠点の中央（第2線）に位置していた。フィリッポフ少佐はこれらの防御線を自らすべて観て回ったが、それは、後に戦車の行動を明確に指揮する上で役立った。すべての対戦車防御拠点は指揮所と電話及び無線でつながれた。戦闘の最中にいくつかの地点で有線連絡が乱されたときに、無線を通じて指揮を継続するためだ。

砲兵の射撃は、歩兵や戦車の要請に応じて実行された。砲兵大隊と個々の火砲は待ち伏せ戦車陣地の近くに配置されていたため、ドリンスキー少佐は戦車旅団司令官と一緒にいることにした。これは、めまぐるしく変わる戦闘状況への砲兵指揮の対応を容易にした。

夜明けとともにドイツ軍はソ連軍防御陣地に対する砲と迫撃砲による長い準備射撃を行った後、戦車120両と1個連隊を超える歩兵を徒歩で攻撃に向かわせた。ドイツ戦車は50両と70両の二手に分かれて全速走行し、その勢いで盆地両脇の斜面に沿って突入を図った。

双眼鏡を通して見ると、ソ連軍陣地の最前線から5〜7kmの道路上にドイツ軍の大量の牽引車付き火砲と歩兵を搭載した車両がひしめいているのが手に取るようにわかった。これは、ドイツ軍が攻勢をさらに奥深く伸ばすために用意した第2突撃梯団であった。

ドイツ戦車群がソ連軍防御地帯まで700〜800mの距離に接近するや否や、ソ連軍の火砲と迫撃砲は猛射を開始した。これと同時に、親衛迫撃砲部隊のロケット砲「カチューシャ」による精密な一斉射撃が何度か繰り返された。

ドイツ戦車がソ連軍対戦車防御第1線に到達したとき、赤軍は射撃をすべてこれらの戦車に集中した。その1分後、戦場では6両のドイツ戦車が炎上し、約10両は砲弾に貫かれて停車した。

ドイツ戦車左翼部隊（50両）のほうがソ連軍陣地に近かったため、ソ連軍砲兵は主攻撃をまずそちらに向けた。この砲撃はあまりにも強力だったため、生き残ったドイツ戦車は踵を返した。それから、対戦車防御第1線の待ち伏せ部隊はより強力なナチス戦車隊（70両）に狙いを移した。ただし、後方の対戦車防御拠点はまだ沈黙したま

36、37：捕虜となったドイツ第49山岳軍団の歩兵と狙撃兵（山岳戦の特別訓練を受けたエリート部隊である第1山岳師団の兵員は歩兵ではなく、狙撃兵と呼ばれた。ソ連側の呼び方か？：訳者注）。北カフカス地方、1942年9月。（ASKM）

付記：ドイツ軍の山岳部隊は、師団はGebirgs Divisionで山岳師団、連隊はGebirgsjaeger Regimentで山岳猟兵連隊となる。このため兵士は山岳猟兵ということになるが、これは形式的な話で実際は軽歩兵である。

まで、自らの存在を隠し続けていた。

　ドイツ軍左翼戦車部隊の壊滅を目の当たりにした友軍右翼部隊は、このソ連軍第1線を突破すれば、敵の火器を恐れずに作戦を自在に行える空間が広がっているものと考えた。そこで、彼らは高速で前方に駆け出した。約18両のドイツ戦車がソ連軍対戦車防御第1線を突破通過した。しかしそれから1分後、これらの車両も新たな対戦車防御の壁に直面した。しかも、ここに飛び出してきたのは右翼戦車部隊だけだったので、各車両が平均して受ける射撃密度は第1線を越えるときよりも高くなっていた。あっという間に7両の戦車から炎が噴き出て、別の数両は向きを後ろに変えた。また、別の4両は盆地をさらに奥へ進もうとした。しかし、そのうちの2両は待ち伏せていたソ連戦車に遭遇して撃破され、残りの車両もとうとう引き返しだした。

　この戦闘でドイツ軍部隊は大きな痛手を蒙り、出撃地点まで押し返されてしまった。ソ連第52戦車旅団は、敵の戦車54両を破壊し（うち23両は全損）、3両の歩兵搭載車両、1個砲兵中隊、1個大隊規模の将兵を殲滅した。他方同旅団は、戦車9両が全損し、さらに6両が撃破された。人員の損害は、戦死13名、負傷11名であった。このうち、KV重戦車中隊長のヴォルコフ中尉にはソ連邦英雄の称号が授与された。

　9月1日から28日まで続いた激戦の末、マルゴベーク方面におけるドイツ軍の攻勢は完全に停止された。彼らは強力な戦車部隊の打撃によってグローズヌイとウラジカフカス（当時のオルジョニキーゼ）の制圧を目指したものの、今や攻勢継続を断念せざるを得なくなった。この進撃には歩兵の大兵力と300両に上る戦車を投入したが、決定的な成果を上げることはできず、前進距離は1日平均1.5～2kmを超えなかった。

　首尾よく運んだソ連軍のマルゴベーク方面防衛戦において大きな役割を果たしたのは、砲兵、特に対戦車砲兵である。とりわけ、戦車攻撃を受ける危険性が高い方面の前線1kmあたりの対戦車砲兵密度は、ヴォズネセンスカヤ方面で14門、サゴプシン方面で33門、エリホートヴォ方面で16門に達した。また、マルゴベーク方面防衛戦では戦車が狙撃兵部隊を大きく助けた。ソ連戦車は歩兵の戦闘隊形の中で行動し、そのほとんどの車両は反撃活動で使用された。

　こうして、ドイツ軍は戦車の数で明らかに優勢であったものの、ザカフカス方面軍部隊が築いた深い縦深防御を克服することはできなかった。多大な損害を代償に得たものは、ソ連第9軍をいくらか後退させ、テーレク川右岸のテールスカヤ～イラリオーノフカ～ウロジャイノエの地区に幅40km、縦深20kmの橋頭堡を占めたことだけであった。

38:ソ連第9親衛狙撃兵旅団の優秀な偵察兵、Yu・ドルベーコフ（左）とK・カラーチ。彼らは1回の敵後方への襲撃で6名のドイツ兵を捕虜に取った。北カフカス地方モズドーク地区、1942年10月。（ASKM）
付記：誇らしげに手にしているのは、有名なPPSh-41短機関銃である。G・シュパーギン設計のシンプルで頑丈、極めて信頼性の高い短機関銃でソ連軍で広範囲に使用された。口径7.62㎜、全長840㎜、重量3.5kg、発射速度毎分900〜1000発、71発収容のドラム型弾倉が特徴的である。

ノヴォロッシースク防衛作戦（1942年8月19日〜9月27日）
НОВОРОССИЙСКАЯ ОБОРОНИТЕЛЬНАЯ ОПЕРАЦИЯ (19 августа–26 сентября 1942 г.)

[注35] クラスノダールの南西136kmにある黒海ツェメース湾沿岸の海港都市で、独ソ戦最大激戦地の「英雄都市」のひとつ。19世紀前半の要塞に始まり、帝政末期には北カフカス最大の穀物・石油・セメントの輸出拠点となるが、独ソ戦で焦土と化し、ようやく1960年代半ばに復興を遂げた。（訳者）

　ドイツ軍司令部はクラスノダール市陥落の後、同市からゴリャーチー・クリューチを通過してトゥアプセーに突進しようと試みた。この計画は失敗したが、今度はドイツ第5軍団をノヴォロッシースク[注35]方面へ送り込み始め、第5軍団の第9及び第73歩兵師団は8月19日の夕刻までにその先頭部隊がアビンスカヤに進出した。このときまた、プロトーカ川の線からアナスターシエフスカヤ〜テムリューク〜トロイツカヤ〜クルィームスカヤの方面にルーマニア騎兵軍団（第5、第6、第9騎兵師団）が攻撃を発起した。

　8月18日夕刻の各方面における独ソ両軍の兵力比は次の通りであった。狙撃兵大隊4個と迫撃砲30門、火砲36門、戦車36両を保有していたソ連第47軍第103狙撃兵旅団と第126独立戦車大隊に対して、17個大隊を抱えるドイツ2個師団が火砲260門、迫撃砲172門、戦車及び突撃砲64両でもって襲い掛かってきた。つまり、ここのドイツ軍兵力は、歩兵は4倍、砲と迫撃砲は7倍、そして戦車と突撃砲の数においてはほぼ倍も優勢であった。ドイツA軍集団司令部は、第11軍第42軍団を使ってケルチ海峡を渡り、タマーニ半島を奪取しようと準備を進めていた。8月19日の夕暮れまでにケルチ地区にはドイツ第46歩兵師団が、またこの地区への進入路にはルーマニア第3山岳師団が配置された。ケルチ海峡と黒海の沿岸はルーマニア軍の第4山岳師団と第19歩兵師団が防備していた。

　8月19日、ドイツ軍は第9及び第73歩兵師団の主力でもってセーヴェルスカヤ〜アビンスカヤ方面への攻撃を開始した。防備の薄か

39：北カフカスの草原を駆けるドイツ第23戦車師団所属のⅢ号戦車L型。1942年9月。（RGAKFD）
付記：Ⅲ号戦車L型はJ型の小改良型で、車体前面、砲塔前面にスペースドアーマー式増加装甲板を取り付け、各部の変更、簡略化等が行われている。1942年6月から12月までに653両が生産された。

40：峠を巡回警備するソ連第63騎兵師団の騎兵斥候隊。北カフカス地方、1942年9月。（ASKM）

った山麓のセーヴェルスカヤ、イーリスカヤ、ホールムスカヤ、アハトゥイルスカヤといった、ノヴォロッシースクからクラスノダール方面に向かう鉄道沿いに並ぶ村々を占領し、この日の夕方には、やはりクラスノダール方面行きの鉄道沿いにあるアビンスカヤ村の奪取を図った。しかし、アビンスカヤまで一気に制圧しようという試みは失敗し、ソ連第103狙撃兵旅団部隊によって撃退された。

ちょうどそのとき、ルーマニア騎兵軍団は、ソ連第103狙撃兵旅団のトロイツカヤ地区守備中隊と、アナスターシエフスカヤを維持していたソ連第144海兵大隊隷下部隊に対する攻撃に移った。兵力が何倍も優勢であったルーマニア騎兵隊はソ連軍部隊に撤退を強いて、トロイツカヤとアナスターシエフスカヤを獲得した。8月21日もドイツ軍は第5軍団をアビンスカヤの方向から、またルーマニア騎兵軍団の一部をトロイツカヤ地区から進発させ、攻勢をクルィームスカヤに向けて発展させていった。ルーマニア騎兵軍団の主力は、アナスターシエフスカヤからテムリュークに進んだ。

これに伴い、ソ連第47軍司令官は黒海沿岸からクラスノダール方面行き鉄道線の要衝クルィームスカヤ地区に第83狙撃海兵旅団を差遣し、同旅団は8月21日の夕刻にはルースコエ～ゴリーシチヌイ～プラーヴェンスキーの線に防御態勢を整えた。

第47軍唯一の戦車部隊である第126独立戦車大隊は軍司令部の

指示によって、1942年8月10日からアビンスカヤ〜クルィームスカヤ地区に配置を変えられ、第103赤旗勲章叙勲狙撃兵旅団とともに「ノヴォロッシースクにつながる峠を固守し、戦車を地中に埋設して不動火点として使用せよ」、との任務を与えられていた。レシェーチン少佐率いる独立戦車大隊の戦闘活動がいよいよ本格化したとき、大隊内にはT-26軽戦車36両があった。

ドイツ軍は1942年8月17日の0910時、18両に上るIV号戦車F1型と自動火器携行の歩兵2個中隊を砲兵及び迫撃砲中隊2〜3個の支援を付けてアハトゥイルスカヤからアビンスカヤ方面への攻撃に向かわせた。

この集落は、ソ連第126独立戦車大隊のT-26軽戦車11両を持つ第1中隊が守っていた。同中隊はドイツ戦車と2時間にわたって戦い、その後予備陣地に後退し、そこでは配置場所から動かずに射撃を行った。アビンスカヤの西端ではドイツ戦車との市街戦が始まった。

8月17日の衝突の結果、この中隊はドイツ軍の砲撃と戦車戦で7両の戦車を失い、さらに3両が中隊の政治将校の命令で爆破された。唯一生き残ったT-26戦車はシャプスーグスカヤ地区の線に撤退した。撃破された戦車は、回収装備がなかったために遺棄された。

8月18日はクラーフチェンコ〜ウクラインスキー地区に集結していた第126独立戦車大隊第2中隊がドイツ軍と対戦した。敵兵力は

41：待ち伏せ待機中のT-34中戦車。北カフカス地方、1942年9月。（RGAKFD）
付記：T-34は優れた戦車ではあったが、いろいろ使い勝手の悪い部分も多かった。そのひとつが視察能力の低さと砲塔上面のハッチの形式で、この写真に見られるように、車長は前方の視察のためには大きなついたてのようなハッチ越しに、覗き見るようにして視察するしかなかった。

戦車30両と歩兵搭載車両20両で、クルィームスカヤ駅の方向に移動していた。ドイツ軍の戦車及び自動火器携行歩兵部隊との間に続いた3日間の陣地戦で第2中隊は2両の戦車を失った。ドイツ軍の損害は、戦車4両と歩兵数十名であった。

　スネグール上級中尉の第126独立戦車大隊第3中隊はクルィームスカヤ東端の線から第103狙撃兵旅団第4大隊とともに2回の反撃を行い、8月19日の夕暮れまで敵にクルィームスカヤ制圧のチャンスを与えなかった。しかし、予備兵力を引き寄せたドイツ軍は8月20日にはすでにクルィームスカヤを占領した。第3中隊の戦車はすべて包囲され、そこでおそらく全滅したものと思われる。この戦闘におけるドイツ軍の損害は、戦車5両と迫撃砲中隊1個、1個中隊規模の歩兵である。

　1942年8月22日までの5日間に第126独立戦車大隊は、保有戦車36両のうち30両を失った。ドイツ軍機の攻撃で5両が破壊され、砲兵と戦車により21両が撃破され、火焔放射器によって1両が焼かれた。また乗員自らの手で3両が爆破、放火された。

　第126独立戦車大隊の本部と後方部隊は8月23日までにノヴォロッシースクの南東21kmの地区に集結し、残っていた6両の戦車はリープキ地区（ノヴォロッシースクの北方25km）の山路防衛用の不動トーチカとして使用された。

　1942年8月17日から22日までのドイツ軍の損害は戦車12両と迫撃砲中隊4個、1個大隊規模の歩兵であった。

　第126独立戦車大隊は、起伏に富んだ幅20kmの場所で歩兵や砲兵の支援なしに3〜5両単位に別れての防御戦闘を強いられ、このような戦車の不適切な使用のために多大の損害を蒙ったものの、大隊戦車兵は英雄的な戦いぶりを見せた。第2中隊指揮官のメレーシコ中尉は、8月20日にT-26軽戦車に乗って自ら4両のドイツ中戦車を破壊した。

　8月29日、ドイツ軍は再び攻勢に移り、ノヴォロッシースクを北西から迂回するクルィームスカヤ〜ノヴォロッシースク街道沿いに主攻撃を発起した。ドイツ第125歩兵師団はナトゥハーエフスカヤ方面、第73歩兵師団はヴェールフニー・バカンスキー方面と、どちらもノヴォロッシースクから北西にアナーパにつながる道路沿いにある集落に向かった。ドイツ軍はノヴォロッシースクへのもうひとつの攻撃を、第9歩兵師団を使ってノヴォロッシースク北方のネベルジャーエフスカヤ地区からその郊外にあるメフォージエフスキーに向けて開始した。第9歩兵師団の攻撃はソ連第1混成海兵旅団によって難なく撃退された。第73歩兵師団のヴェールニー・バカンスキーへの攻撃もまた、8月29日から31日にかけて大きな損害を出しながらも前進距離はわずか3〜5kmに過ぎず、成果をもたら

すことはできなかった。

　ドイツ第125歩兵師団は8月30日にナトゥハーエフスカヤを奪取し、そこを守っていたソ連第83狙撃海兵旅団は駆逐されて、南のクラスノ・メドヴェードフスカヤに引き下がった。第125歩兵師団は南に向かってさらに進撃を続け、8月31日の夕刻にはこのソ連部隊の抵抗を撥ね退けてクラスノ・メドヴェードフスカヤも制圧した。

　この間ルーマニア騎兵軍団もテムリュークを占領し、第5及び第9騎兵師団を使ってヴァレニコーフスカヤ～ジギンスコエとアダグーム～ゴスタガーエフスカヤ～アナーパの方面を攻めた。ドイツ軍は8月30日にゴスタガーエフスカヤを、8月31日にはソ連第14及び第40海兵大隊の抵抗をねじ伏せてアナーパ市を攻略した。激戦の末にアナーパを放棄した第14及び第40海兵大隊は反撃戦を展開して、数の優勢なドイツ軍部隊のさらなる進撃を遅滞させ、アブラウ湖地区の防衛線に撤退した。

　9月1日の夕刻までソ連海兵隊（第305、第328、第144大隊）は第47軍主力から隔離されたまま、タマーニ半島の防衛を続けていた。ルーマニア軍部隊がテムリューク～アナーパの線に進出すると、これらの海兵大隊は東部正面の防御に兵力を一部割いたため、半島のクリミア側沿岸の防御が弱まってしまった。

　唯一ノヴォロッシースク地区に残って行動していたソ連黒海部隊集団の戦車部隊は、T-26軽戦車6両とBT-7快速戦車3両（うち2両は修理中）からなる第126独立戦車大隊であった。ソ連第47軍司令官の命令により、第126独立戦車大隊第1中隊は第103狙撃兵旅団をヴォールチイ・ヴォロータ地区で支援し、第2戦車中隊は第142独立海兵大隊と連携してリープキ地区を防衛していた。

　このように、9月1日時点のノヴォロッシースク郊外とタマーニ半島の戦況は著しく緊迫した。中でも防備が薄かったのは、ノヴォロッシースクへの西からの進入路であった。第47軍は兵力不足からノヴォロッシースク防衛地区の内防衛線に防御陣地をあらかじめ整えることができず、予備部隊もないために反撃を実施することもできなかった。

　ついにドイツ軍がノヴォロッシースク防衛地区の外防衛線に到達したことから、ザカフカス方面軍司令官は第47軍司令官に軍主力をノヴォロッシースク、ネベルジャーエフスカヤ、ヴェールフニー・バカンスキーの各方面に集中させるよう命じた。第47軍は方面軍予備の第318狙撃兵師団によって強化され、同師団は9月9日中にノヴォロッシースク地区に集結することとされた。ノヴォロッシースク市そのものの防衛のために、第14、第322、第142海兵大隊とT-26軽戦車1個中隊からなる第2混成海兵旅団が編成された。ヴォールチイ・ヴォロータ峠にはまた、高射砲連隊1個が対戦車攻撃の

42：モズドーク地区のドイツ軍部隊。北カフカス地方、1942年10月。(ASKM)

付記：戦車はⅢ号指揮戦車H型である。Ⅲ号指揮戦車H型はⅢ号戦車H型及び一部J型車体を使用して、主砲を撤去するなどしたスペースに追加の無線機など指揮機材を搭載しており、1940年11月から1941年9月までに145両、1941年12月から1942年1月までに30両が生産された。右はサイドカー付きツュンダップKS750オートバイのようだ。

ためにさらに追加して送られた。

カフカス方面で行動中の部隊の指揮統制を容易にし、補給を改善するため、ソ連軍最高総司令部の1942年9月1日付訓令第170596号によって、第18、第12、第56、第47軍、第5航空軍、第4親衛騎兵軍団といった北カフカス方面軍隷下部隊は黒海部隊集団として再編成され、ザカフカス方面軍に編入された。また、黒海艦隊もザカフカス方面軍の作戦指揮下に移された。黒海部隊集団の司令官にはYa・チェレヴィチェンコ大将が、軍事会議審査官には政治将校のL・カガノーヴィチとL・コルニーエツが、参謀長にはA・アントーノフ中将がそれぞれ任命された。

9月3日未明、ドイツ軍はケルチ海峡横断を実行に移し、決死の覚悟でタマーニ半島を守っていたソ連海兵隊の抵抗を押し退けて、第46歩兵師団及びルーマニア第3山岳狙撃兵師団部隊のタマーニ半島揚陸を始めた。

9月5日までソ連海兵隊は敵上陸部隊と激戦を続け、タマーニ半島の東から攻撃してきたドイツ軍部隊にも応戦した。そして、9月5日の退避命令で海兵隊はタマーニ半島を離れ、海路ゲレンジーク

9月5日の夕刻までにドイツ軍はケルチ海峡からタマーニ半島へ2個師団の揚陸を完了した。このクリミアからタマーニ半島への揚陸作戦と同時に、ドイツ軍はノヴォロシースクを北方のネベルジャーエフスカヤ～ニージニー・バカンスキーの地区から、そして西方のクラスノ・メドヴェードフスカヤ地区からも攻撃し続けていた。

　ノヴォロシースクに突入しようとするドイツ軍の試みは、ノヴォロシースク防衛地区外防衛線のソ連軍守備隊の抵抗に遭って進展がなかった。ソ連第1混成海兵旅団部隊はネベルジャーエフスカヤから繰り出されるドイツ軍の絶え間ない歩兵と戦車の攻撃を撥ね返していた。ソ連第77狙撃兵師団と第103狙撃兵旅団は、アマナート～ヴェールフニー・バカンスキーの線で敵に果敢な抵抗を示した。第83狙撃海兵旅団はクラスノ・メドヴェードフスカヤの争奪戦を繰り広げていた。クラスノ・メドヴェードフスカヤの南ではソ連第14及び第40海兵大隊が、西から攻めてきたドイツ軍部隊に反撃を組織し、その前進を遅らせようとしていた。

　9月7日にドイツ軍は、ノヴォロシースクを西から攻めていた部隊をクリミアからタマーニ半島に移動させた部隊で強化し、兵力を歩兵師団3個（第73、第46師団と第125師団2個連隊）、騎兵師団2個（ルーマニア第5及び第9騎兵師団）、戦車大隊3個にまで増やして、ノヴォロシースクへの進撃をさらに続けていった。また、ドイツ軍航空部隊はこの方面を守っていたソ連第47軍の防御陣地をひっきりなしに空襲した。

　ドイツ軍の歩兵と戦車はこの上空支援を受けながら、ソ連第47軍各部隊の防御拠点の隙間を狙って突進してきた。ソ連第103狙撃

43：北カフカス地方のカバルダー人集落（カバルディノ・バルカール自治共和国、首都はナーリチク：訳者注）に停車したSS「ヴィーキング」自動車化歩兵師団の自走砲マーダーⅡ型の作戦中の珍しい写真である。本車はⅡ号戦車D、E型をベースにオープントップの戦闘室を設けて捕獲したロシア製の7.62cmカノン砲を搭載した車体で、1942年4月から1943年6月までに201両が改造され、戦車師団及び機甲擲弾兵師団の戦車駆逐大隊に配備された。SS「ヴィーキング」自動車化歩兵師団には、SS「ヴィーキング」戦車駆逐大隊の1個中隊に9両が配備されていた。

44：ドイツF特殊軍団独立中隊のⅢ号突撃砲。北カフカス地方、1942年10月。（RGAKFD）
付記：はっきりしないがⅢ号突撃砲C／D型であろう。Ⅲ号突撃砲C／D型は、1941年5月から9月までにC型が50両、D型が150両生産された。

兵旅団と第126独立戦車大隊第1中隊（T-26軽戦車3両、BT-7快速戦車1両）が守備するヴェールフニー・バカンスキーを巡ってはとりわけ執拗な格闘が繰り広げられた。第103狙撃兵旅団は3日間にわたって包囲下に置かれながらも、ドイツ軍の大兵力を釘付けにして他の友軍部隊がノヴォロッシースク防衛地区内防衛線に後退するのを確実にした。そして、司令部の命令で南東方向に脱出し、ドールガヤ山地区の防御に移った。この包囲戦でソ連戦車はすべて撃破され、回収が不可能だったことから、乗員らによって破壊された。寡兵のソ連第14及び第140海兵大隊、第83狙撃海兵旅団は対戦車兵器を持たなかったため、第47軍左翼を堅固に支えることができず、戦闘を続けながらもノヴォロッシースクに徐々に退いていった。そこで、この戦区にはソ連第2混成海兵旅団の兵力の一部が割かれることになったが、それも形勢を回復させるには至らなかった。また、第47軍左翼部隊はノヴォロッシースクに後ずさりしながら、第103狙撃兵旅団の翼部を露出させていった。それゆえ、第103狙撃兵旅団と第77狙撃兵師団も徐々に後退することを余儀なくされた。

9月7日にドイツ第9歩兵師団部隊はノヴォロッシースク市の北端に到達したが、ソ連軍部隊の複数の反撃を受けて出撃陣地まで押し返された。この都市から西に走る道路を守っていたソ連第47軍部隊は極めて粘り強い抵抗を行っていたが、ドイツ軍の強力な空襲は、このソ連部隊が防御態勢を固めて敵を引き止めることを許さなかった。9月8日にはすでにノヴォロッシースクの西端にドイツ軍の歩兵と戦車が突入して激戦が始まった。

9月7日から8日にかけてノヴォロッシースクを守っていたソ連軍部隊は、T-26軽戦車3両を持つ第126独立戦車大隊第2中隊の支援を受けた。この中隊はドイツ戦車3両を破壊して、自らも2両の戦

車を失った（1両全損、1両大破）。そして、第126独立戦車大隊は再編成のために後方に下がった。

　9月10日にかけての夜半、ソ連軍部隊は3日間の激戦を経てノヴォロッシースク市を放棄した。同市を守っていたソ連第2混成海兵旅団隷下部隊は郊外のスタニーチカからゲレンジークに避難させられた。ソ連第47軍左翼部隊は、9月9日にその編制下に入った第318狙撃兵師団とともに、ドイツ軍部隊の進撃をドールガヤ山〜アダーモヴィチャ・バールカの線で止め、ツェメース湾とノヴォロッシースク港を守り続けた。第47軍左翼部隊は、黒海沿岸を通ってトゥアプセーへの突入を狙ったドイツ軍の試みを撃退していた。そして、9月15日には第47軍の形勢は、エリヴァンスカヤ、ウズン、ゴスタガーエフスカヤの集落とノヴォロッシースク東端にあるセメント工場をつなぐ線で膠着した。

　それでも、ドイツ軍司令部は黒海沿岸伝いにトゥアプセーに向けて攻勢を進展させ、そこに北から突入することになっていたドイツ第57戦車軍団及び第44軍と合流する計画を諦めなかった。この目的を達成するため、ノヴォロッシースク占領後はトゥアプセー方面への攻撃準備を進めるとともに、アビンスカヤ地区からゲレンジークに向けた進撃を開始した。

　つまり、ソ連第47軍翼部を攻撃してソ連黒海集団の他の部隊と分断し、黒海集団部隊を壊滅させて黒海沿岸にそって進撃を継続することを狙ったのである。この作戦を遂行するため、アビンスカヤの南に9月16日にルーマニア第3山岳狙撃師団が集結させられた。

45：ノヴォロッシースク地区のドイツIII号突撃砲F型。北カフカス地方、1942年9月。（RGAKFD）
付記：車体後部張り出し部の形状から判断してIII号突撃砲F/8型であろう。III号突撃砲F型は、突撃砲の対戦車能力強化型で、E型車体を小改良して43口径の長砲身75mm砲を搭載したもの。F/8型は基本車体がIII号戦車J型車体に切り替えられたタイプで、1942年9月から12月までに334両が生産された。

ルーマニア師団は9月19日に強力な準備空襲の後に攻撃に移り、幅広い前線を担当していたソ連第216狙撃兵師団の最前線部隊を圧迫し始めた。9月20日、21日と続いた戦闘でルーマニア師団はソ連第216狙撃兵師団の防衛地帯に縦深6kmの楔を打ち込むことに成功した。

ソ連第47軍司令官はこの戦況に鑑み、第77狙撃兵師団をエリヴァンスカヤ地区に、第1及び第2混成海兵旅団をシャプスークスカヤ地区に集結させ、ソ連軍防衛地帯に打ち込まれた楔を挟撃して形勢を回復させることを決定した。9月22日から26日まで繰り返された激戦の結果、ルーマニア第3山岳師団は戦死者と捕虜となった将兵だけでも3,000名以上の損害を出して駆逐された。ソ連軍部隊は以前の防衛線を回復させただけでなく、さらにチェルカーソフスキー～クラースナヤ・ポベーダ～クアフォの線に進出した。

ソ連軍のノヴォロッシースク防衛作戦は1カ月以上に及んだが、兵力の優勢なドイツ軍は大きな損害を出しながらもタマーニ半島とノヴォロッシースク市を獲得した。しかし、ドイツ軍の目的が完全に達成されたとは言い難い。ドイツ軍はノヴォロッシースク制圧後、黒海沿岸伝いにトゥアプセーに突入することも、またノヴォロッシースク港を自らの基地として使用することも結局はできなかった。なぜならば、ツェメース湾東岸はソ連第47軍部隊の掌中に残されたままで、湾自体が機関銃や迫撃砲、火砲の射撃に晒されていたからである。

46：45㎜砲1937年型を牽引する貨物自動車ドッジWF-32の縦隊行軍。ザカフカス方面軍地区、1942年10月。（ASKM）
付記：レンドリースによって送られたのは戦車だけでなく、多数の輸送車両が供与された。このことはソ連工業力が戦車の生産に集中することを可能とし、不足するソ連の輸送、補給能力を大きく向上させた。車両は1/2t貨物自動車が15万1,053両、2 1/2t貨物自動車が20万660両に上り、その他車両すべてを合計すると実に50万1,660両が供給されたが、これはソ連自身が貨物自動車類を34万3,624両しか生産しなかったことを考えるとその大きな価値がわかるだろう。

第3章
1942年10月〜12月のザカフカス方面軍の防衛戦
ОБОРОНИТЕЛЬНЫЕ ДЕЙСТВИЯ ВОЙСК ЗАКАВКАЗСКОГО ФРОНТА В ОКТЯБРЕ–ДЕКАБРЕ 1942 г.

黒海部隊集団のトゥアプセー防衛作戦（1942年9月25日〜12月20日）
ТУАПСИНСКАЯ ОБОРОНИТЕЛЬНАЯ ОПЕРАЦИЯ ЧЕРНОМОРСКОЙ ГРУППЫ ВОЙСК
(25 сентября–20 декабря 1942 г.)

　ドイツ軍は、A軍集団右翼がノヴォロッシースク方面でのこれまでの戦闘で決定的な成果を上げることができず、アビンスカヤ地区では敗北を喫したことから、9月下旬に第17軍をルーマニア第10及び第19歩兵師団で強化し、その主力をトゥアプセー［注36］方面に集結させ始めた。この方面で行動していたドイツ第57戦車軍団は第125歩兵師団によって、また第44軍団は第46歩兵師団とランツ集団によってそれぞれ強化された。

　ランツ集団とは、第4山岳師団司令官ランツ将軍が率いる作戦集団のことで、その編制には第1山岳師団第98山岳連隊、第4山岳師団第13山岳連隊、第54予科大隊［注37］、第21戦車師団第54オートバイ連隊第1オートバイ中隊、第46歩兵師団第97歩兵連隊強化大隊1個、第1山岳師団第179山岳砲兵連隊第4大隊、第4山岳師団第94山岳砲兵連隊第4大隊が含まれていた。

　ソ連軍は約250kmの前線の防衛のため、黒海部隊集団の編制に第18、第56、第47の3個軍を残した。第12軍は解散され、その人員はこれら3個軍の補充に回された。

［注36］クラスノダールの西439kmの黒海沿岸の海港都市で、1920年代末のグローズヌイ・マイコープ石油パイプライン敷設以来、石油加工・石油輸出産業が発達した他、保養地としても有名。（訳者）
［注37］召集兵訓練用部隊。（訳者）

47：ソ連第52赤旗戦車旅団に配備されたイギリス製Mk.IIIヴァレンタインIV戦車。ザカフカス方面軍地区、1942年11月。（RGAKFD）
付記：イギリスからソ連にレンドリースで送られた戦車の中で、最も好まれた戦車がヴァレンタインであった。1943年にイギリスがヴァレンタインに代えて新型のクロムウェルを供与しようとしたとき、ソ連はヴァレンタインを継続して供給するよう求めた。このためイギリスではすでに第一線から退いたヴァレンタインをソ連向けに生産し続けたほどである。ヴァレンタインは、2ポンド砲、6ポンド砲搭載型、架橋戦車合わせて3,807両が供与されている。

48：モズドーク地区を走る第52戦車旅団のMk.Ⅲヴァレンタイン戦車Ⅶ型（英国製ヴァレンタイン戦車Ⅳ型のカナダ版）。ザカフカス方面軍地区、1942年11月。(RGAKFD)

　狙撃兵軍団5個と騎兵師団1個、狙撃兵旅団3個（第31、第383、第32親衛、第395、第236狙撃兵師団、第68、第76狙撃兵旅団、第40自動車化狙撃兵旅団、第12親衛騎兵師団）からなる第18軍は、将兵3万2,000名を数え、第1梯団に4個狙撃兵師団と1個狙撃兵旅団を、第2梯団には狙撃兵師団と騎兵師団各1個、狙撃兵旅団3個を配置し、幅90kmの防衛地帯を担当した。

　第18軍はまた、砲兵連隊2個と対戦車砲連隊3個、迫撃連隊1個、親衛迫撃砲連隊1個、親衛独立山岳駄載ロケット迫撃砲中隊2個で強化された。最も強力な砲兵隊が（トゥアプセー）主防御方面であるトゥアプセー街道一帯に編成された。そこの砲兵密度は、前線1kmあたり口径45mm以上の火砲及び迫撃砲24門に達した。

　第18軍防御地帯中央部に強力な砲兵隊が置かれたことは、ドイツ軍の正面攻撃に首尾よく応戦し、敵の正面迂回部隊を殲滅するのに奏功した。第18軍司令官の指揮下には、狙撃兵師団4個と支援砲兵（ソ連軍最高総司令部予備及び沿岸砲兵）が守備するトゥアプセー防衛地区があった。

　1942年7月に創設されたトゥアプセー防衛地区には第40自動車化狙撃兵旅団と第145海兵連隊（第324及び第143海兵大隊）が抽出され、最も危険性の高い戦区を守った。このほか、トゥアプセー防衛地区常駐守備隊は、戦況に応じて第18軍隷下部隊で強化されることになった。

　ソ連第56軍は4個狙撃師団（第30、第353、第329、第349）から編成され、総勢2万1,000名を数えた。同軍は正面90kmの前線を担当し、ジューブガ～ゴリャーチー・クリューチ（主防御軸）、アルヒーポ・オーシポフカ～スタヴロポーリスカヤ、プシャーダ～セーヴェルスカヤ、プシャーダ～ホールムスカヤの各方面を防衛することになっていた。

　第56軍は榴弾砲連隊2個と迫撃砲連隊2個（120mm迫撃砲52門）、迫撃砲大隊1個（82mm迫撃砲27門）、対戦車砲連隊1個の増援を受

49：ソ連第52戦車旅団所属のアメリカ製M3軽戦車。車体には旅団のシンボルである白の菱形がはっきり見える。（RGAKFD）

けた。また、第56軍司令官の直接指揮下にはプシャーダ防衛地区が置かれ、その課題はジューブガ〜プシャーダ地区の全周防御と、ドイツ軍がノヴォロッシースクからトゥアプセーに突進し、海兵部隊を揚陸させようとする試みを撃退することにあった。この他、プシャーダ防衛地区はドイツ軍が北方から黒海沿岸に進出するのを阻止せねばならなかった。プシャーダ防衛地区守備部隊（第13阻止工兵旅団、第11親衛鉄道大隊、第323海兵大隊）は第56軍強化砲兵の砲18門を受領した。

ソ連第47軍（第77、第216、第318狙撃兵師団、第81狙撃兵旅団、第83、第255狙撃海兵旅団、総勢1万8,500名）には、アハトゥイルスカヤ南端からゲレンジークにいたる地帯（正面75km）の防衛が割り当てられ、ツェメース湾東岸を維持し、シャプスーグスカヤ〜アダーモヴィチャ・バールカ〜ゲレンジークの三角地帯を陸と海から固守する任務を負っていた。第47軍は2個砲兵連隊で強化され、その結果砲と迫撃砲は合計358門に増えた。その内訳は、122mm及び152mm砲は28門、76mm砲は79門、45mm砲は67門、82mm及び120mm迫撃砲は174門であったが、第47軍防衛地帯の平均砲兵密度は前線1kmあたり砲及び迫撃砲5門にしかならなかった。

また、第328狙撃兵師団と第40自動車化狙撃兵旅団、第11親衛騎兵師団、第145海兵連隊で黒海部隊集団の予備部隊が編成された。

黒海部隊集団の正面前方には、歩兵師団7個、山岳狙撃兵師団1個、軽歩兵師団2個、スロヴァキア自動車化歩兵師団1個、騎兵師団3個、各種連隊2個、各種大隊10個からなるドイツ第17軍が展開していた。これらの部隊は4個軍団に臨時編成されていた。

9月25日の時点でドイツ第17軍は次のように行動していた。

ソ連第18軍部隊の正面には、第46歩兵師団、ランツ集団、第97及び第101軽歩兵師団、スロヴァキア快速師団、第198歩兵師団を従える第44軍団及び第57戦車軍団が対峙していた。

50：ソ連第5親衛ドン・コサック騎兵軍団のデクチャリョーフ対戦車銃（PTRD）班が射撃陣地を移動している。ザカフカス方面軍地区、1942年11月。（ASKM）

ソ連第56軍地帯では、ゴリャーチー・クリューチ〜アハトゥイルスカヤの前線でドイツ第57戦車軍団第125歩兵師団とルーマニア第19歩兵師団隷下部隊、ルーマニア騎兵軍団第6騎兵師団が行動していた。アハトゥイルスカヤからノヴォロッシースク、そしてさらに黒海沿いに進んだアナーパ市に至る前線にはドイツ第5軍団とルーマニア騎兵軍団の所属部隊（ドイツ第9及び第73歩兵師団、第3山岳師団、第10及び第19歩兵師団、ルーマニア第5及び第9騎兵師団、各種連隊2個、各種大隊7個）が展開した。

トゥアプセー方面のサムールスカヤ〜ゴリャーチー・クリューチ戦区（前線60km）には、ドイツ軍は歩兵師団3個と軽歩兵師団2個、山岳師団1個、自動車化師団1個、各種連隊2個、各種大隊5個、すなわち第17軍全兵力の半分を集結させた。

ドイツ軍のトゥアプセー方面部隊は2個のグループに分けられた。1個は第46歩兵師団、第97及び第101軽歩兵師団、ランツ集団からなり、砲兵、迫撃砲、工兵部隊によって強化され、ネフチェゴールスク〜ハドウイジェンスキーの線の南に展開した。もう1個は、ゴリャーチー・クリューチとその南東に配置され、スロヴァキア快速師団部隊とドイツ第198及び第125歩兵師団から編成された。

このように、9月25日までにソ連ザカフカス方面軍黒海部隊集団の前方にドイツ軍は第17軍のうちの14個師団を集結させていた。他方、北方部隊集団に対しては第1戦車軍の7個師団しか動員していなかった。

ドイツ軍司令部の計画は、ハドウイジェンスキー地区部隊（主に

51：ナーリチクの南東に遺棄されていたドイツ第13戦車師団のⅢ号戦車J型。ザカフカス方面軍地区、1942年11月。（ASKM）

52：戦闘で破壊されたソ連第52戦車旅団のMk.Ⅲ ヴァレンタイン戦車Ⅳ型。ザカフカス方面軍、アラギール地区、1942年11月。（RGAKFD）

山岳部隊からなっていた）の攻撃を基本攻撃軸のシャウミャン方面で、またゴリャーチー・クリューチ地区部隊の攻撃をプセクープサ川谷沿いとシャウミャン方面で発起してソ連第18軍の主力を包囲し、その後トゥアプセーに進出して黒海部隊集団の連絡路を遮断することであった。そして、この攻撃はソ連第18軍の中央部及び左翼に向けられた。

　9月25日、ドイツ軍はソ連第18軍の連絡路と陣地に対する2日間にわたる空襲の後攻勢に移り、ハドゥイジェンスカヤ駅の北西とパーポロトヌイ村の両地区から基本攻撃軸上のクリンスキーへ第101軽歩兵師団の兵力を差し向けた。ここの防御に就いていたソ連第32親衛狙撃兵師団は頑強な抵抗を示し、ドイツ軍部隊は成果を出すことができなかった。そこでドイツ軍は翌日、攻撃正面を拡大しつつ、ルイサヤ山～スーズダリスキー戦区の戦闘に第97軽歩兵師団を投入し、クリンスキー方面への進撃を続けた。

　この日はまた、大規模な航空部隊に支援されたドイツ第198歩兵師団もファナゴリースコエ方面で攻勢に転じ、ソ連第395及び第30狙撃兵師団の連接部にその矛先を突き衝けた。しかしこの日も、ドイツ軍の攻撃はどちらの方面においてもすべて撥ね返された。

　最初の2日間に何の成果も上げられなかったドイツ軍司令部は、9月27日にソ連第18軍中央部にランツ集団を送り込み、グナイカ方面で突破口を開き、ソ連第32親衛狙撃兵師団と第236狙撃兵師団の防御陣地を迂回してその後方に進出しようと図った。ドイツ軍は強力な準備空襲の後、25kmの前線を守っていた寡兵のソ連第383狙撃兵師団を攻撃した。4日間にわたって狙撃兵師団隷下部隊は敵の攻撃に応戦していたが、兵力の優勢なドイツ軍に圧迫されて9月30日には同師団の2個連隊は西に、さらに1個連隊は南西に後退を始めた。第383狙撃兵師団の後退にともない、やはりドイツ軍の圧力の下にソ連第236狙撃兵師団右翼部隊も後ずさりを始めた。

　9月28日、ドイツ第46歩兵師団は、ロージェツク方面を守っていたソ連第31狙撃兵師団を襲った。クバーノ・アルミャンスカヤ～チェルヴァコーフ地区にいたソ連軍最前線部隊を追い払い、第31師団左翼部隊を後退させ、チェルニーゴフスキーを占領し、9月30日にはオプレーペン山に迫った。

　10月5日、赤軍参謀総長はソ連軍最高総司令部の名で訓令第157425号を発し、その中で黒海部隊集団の活動に評価を下し、ザカフカス方面軍司令官と黒海集団司令官に対して次の指摘を行った──

　「（ソ連軍部隊の）優柔不断と多数の紙上のみの計画のおかげで、敵は大手を振って前進を続け、わが軍のハドゥイジェンスキー部隊を遮断しようとしている。全兵力を動員した迅速且つ断固たる行動

53：戦闘直後のソ連第207戦車旅団第562戦車大隊のT-26軽戦車。ザカフカス方面軍地区、1942年12月。（ASKM）
付記：T-26は角形車体に円筒形砲塔の1933年型である。主砲には45mm砲を搭載し、最大装甲厚は15mmであった。1933～1936年に6,065両が生産された。

　を必要としている。そうすることによってのみ敵は粉砕され、形勢は回復されよう」。
　ソ連第18軍部隊は10月4日から6日にかけて、グナイカ及びクリンスキーのふたつの方面で進撃していたドイツ第44軍団部隊の攻撃を撃退し続けた。10月7日、第18軍中央部隊は敵のグナイカ地区部隊とソスナー地区部隊を殲滅すべく反撃を実施した。しかし、内部の混乱と戦闘準備の不十分さから、第18軍部隊は成果を出せないまま、今までの線で戦闘を続けざるを得なかった。ようやく10月9日の夕刻になって第18軍の反撃が効果をあらわし、ドイツ軍部隊の進撃はすべての方面で停止した。
　こうして、トゥアプセー進出を目指したドイツ軍部隊の最初の試みは失敗に終わった。多大な損害を代償に得たものは、ソ連黒海部隊集団右翼部隊の防御地帯のコトローヴィナ、グナイカ、クリンスキー、ファナゴリースコエの各地区に楔を打ち込んだことだけで、ソ連軍防御地帯を突破することは叶わなかった。
　10月11日、最高総司令部はチェレヴィチェンコ大将を黒海部隊集団司令官の任から解き、後任にI・ペトローフ少将を据えた。
　10月14日、ドイツ軍は攻勢を再開した。今回はシャウミャンとサドーヴォエを東から攻撃し、またファナゴリースコエ東方の地区からもサドーヴォエに進撃し、ソ連第18軍主力部隊を包囲して、トゥアプセーにつながる通路を拓こうとした。
　ソ連第328狙撃兵師団と第32親衛狙撃兵師団の防御地帯に打ち込まれたドイツ軍の楔は、ソ連第119狙撃兵旅団及び第236狙撃兵師団の隷下部隊に撤退を余儀なくした。トゥアプセー方面の戦況は次第に緊張の度を増していった。ザカフカス方面軍予備から抽出さ

れた部隊は、到着した順に次々と戦闘に投入されてしまっていた。

黒海部隊集団予備として控置されていた第353狙撃兵師団と第12親衛騎兵師団は寡兵で、第328及び第236狙撃兵師団、第32親衛狙撃兵師団はこれまでの戦闘で多大な損害を出していた。黒海部隊集団司令官には、敵の攻撃を粉砕するための兵力は他になかった。

黒海部隊集団前線の戦況悪化を受けて、最高総司令部は10月15日付訓令第170660号の中でザカフカス方面軍司令官に対して、黒海集団への評価が不十分であったと指摘し、戦況改善の措置を取るよう指示した。最高総司令部訓令の次の一節は黒海方面の重要性をよく物語っている──

「貴官が北方集団を最も頻繁に訪問し、はるかに多くの部隊が同集団に配属されていることから、スターフカ(ソ連軍最高総司令部)は貴下が黒海集団の役割と黒海沿岸の戦術的・戦略的意義を十分に理解していないものと判断する。

スターフカは次の通り説明する。黒海方面の意義はマハチカラー方面に劣らず重要である。なぜならば、敵がエリサヴェートポリ峠を通過してトゥアプセーに進出すれば黒海集団のほぼ全部隊が(ザカフカス)方面軍部隊から分断され、そうなれば黒海集団が捕虜となることは間違いない。敵がポチ～バトゥーミ地区に進出すれば、わが黒海艦隊は最後の基地を失い、敵にさらにクタイーシ経由でトビリーシへ、またバトゥーミからアハルツィヘ～レニナカンを通過して谷沿いに進撃を続け、(ザカフカス)方面軍の残る全部隊の後方に進出し、バクーへの接近を許すことになる。

スターフカは次の通り命じる。貴下自ら今後は主なる注意を黒海集団の支援と直接指揮に向けること。

黒海集団部隊を迅速に強化すべくあらゆる措置を講じ、黒海沿岸に強力な予備兵力を創出すること。そのために、第18軍の編制に

54：ソ連第5親衛騎兵軍団の7.62mmマクシム重機関銃班。1942年11月。(ASKM)
付記：車輪が装備されたソコロフ銃架に取り付けられ防盾を装備したマクシム機関銃のロシアバージョンは、1910年から生産が開始され実に1943年まで生産が続けられた。堅牢で信頼性が高いが、重量が重いのが欠点であった。口径7.62mm、全長1,107mm、重量45.2kg(銃架含む)、発射速度毎分520～600発、布製ベルト弾倉で給弾される。

北方集団予備から親衛狙撃兵旅団3個を至急移動させること。同時にこれら旅団の代わりにバクーより第34、第164、第165狙撃兵旅団を移し、北方集団に編入すること」。

　最高総司令部はまた、第46軍から第63騎兵師団をトゥアプセー方面に派遣し、ザカフカス方面軍の編制に到着しつつあった第83山岳狙撃兵師団を黒海集団に引き渡すことを命じた。

　この他、ザカフカス方面軍に6個狙撃師団の兵力補充を許可し、そのうち3個師団は黒海沿岸のノヴォ・ミハイロフスコエ、トゥアプセー、ラーザレフスカヤの各地区に配置するよう命じた。方面軍司令官の配下には最高総司令部によって対戦車砲連隊4個と防空連隊2個、85mm高射砲大隊1個が送られた。

　10月16日と17日は、ドイツ軍はオストロフスカヤ・シチェーリ地区とクリンスキー地区からシャウミャンに向けた進撃を続けていた。ドイツ軍は10月16日にオストロフスカヤ・シチェーリを制圧してナヴァーギンスカヤ村に到達し、10月17日にはシャウミャン地区を手に入れて、エリサヴェートポリ峠の奪取を目指した。

　10月21日、ドイツ軍はグナイカ地区に予備兵力を集結させ、基本攻勢軸に沿ってゴイトフ～ゲオールギエフスコエに新たな攻撃を発起して、再びトゥアプセー進出を狙った。

　黒海集団軍事会議は1942年10月22日、トゥアプセー方面へのドイツ軍進出の脅威を取り除くための一連の措置をとった。それは、カフカス分水嶺の線に第383及び第353狙撃兵師団を使って迅速な防衛陣地を構築することであった。

55：歩兵を載せてドイツ軍陣地への攻撃を準備するソ連第207戦車旅団第562戦車大隊のT-26軽戦車群。ザカフカス方面軍地区、1942年12月。（ASKM）
付記：T-26はやはり1933年型で、車載歩兵はモシン・ナガン小銃、PPSh-41短機関銃、DP機関銃をかまえている。

56：前線に移動するソ連騎兵部隊と貨物自動車GAZ-AA。北カフカス地方モズドーク地区、1942年12月。（ASKM）
付記：GAZ-AAはフォードトラックをベースにした1.5tの4×2貨物自動車で、50馬力のエンジンを搭載していた。

10月23日に第383及び第353狙撃兵師団と第10狙撃兵旅団の兵力をもって、ドヴァー・ブラータ山とカメニースタヤ山の地区からペリーカ村～ゴイトフ村方面に向けてドイツ軍に反撃を発起することが計画された。

　反撃は10月24日の朝に開始された。ドヴァー・ブラータ山とセマーシコ山に向かっていたドイツ軍部隊と激しく衝突したソ連2個狙撃師団の隷下部隊は、ゆっくりと前進しながら、敵を北と北東の方向に押し返していった。悪路のために集結地区に遅れた第10狙撃兵旅団は、この反撃には加わらなかった。

　ソ連第18軍の兵力をゴイトフ方面から引き離すため、ドイツ軍はこのとき第18軍左翼のサライ・ゴラー山方面への攻撃を実施した。そして、ソ連第68狙撃兵旅団右翼部隊を後退させ、10月24日にサライ・ゴラー山を攻略し、さらに少数の兵力で490.7高地に前進することに成功した。10月25日から26日にかけてのソ連第32親衛狙撃兵師団と第328狙撃兵師団の反撃によってドイツ軍進撃部隊は壊滅させられ、ソ連軍の防御態勢は以前の線に回復された。

　10月26日の午後、ドイツ軍は再び攻勢に転じ、オプレーペン山を守っていたソ連軍部隊を複数の方向から攻めだした。激戦の末にドイツ軍は再びオプレーペン山を奪取し、10月27日にはマラトゥーキをも制圧した。オプレーペン山からマラトゥーキを守備していたガイドゥコーフ将軍の率いる部隊が反撃に出たが、その拙劣な作戦は失敗に終わった。

　この日、ソ連第56軍右翼部隊はプセクープス川の線（アファナーシエフスキー・ポースチク～ファナゴリースコエ地帯）から第83狙撃海兵旅団と第76狙撃兵師団を使って反撃を発起した。第56軍

57：戦車小隊長のN・ネチポレンコ中尉はドイツ軍の対戦車砲班を撃砕し、将校1名を捕らえた。ザカフカス方面軍地区、1942年11月。（ASKM）

　部隊は激戦を経て10月31日にはドイツ軍をプセクープス川から東に5kmほど後退させることができた。
　ソ連第18軍部隊は10月31日まで、セマーシコ山～カメニースタヤ山、ドヴァー・ブラータ山～ペレヴァーリヌイ～ペリーカ村～ゴイトフ村の各地区で戦闘を繰り広げていた。険しい山林の中で7日間続いた激戦でかなりな痛手を負ったランツ集団はプシーシュ川を越えて撤退し、ペレヴァーリヌイ～398.8高地に進んだ。
　この他、ドヴァー・ブラータ山とセマーシコ山の北と北東の傾斜面にある山林に覆われた窪地では、ドイツ軍部隊がソ連軍に包囲された。
　このように、10月20日から31日まで続いた激戦の結果、ドイツ軍のトゥアプセー進出計画は再び挫折した。10月末には黒海集団に新たな部隊が到着したことにより、トゥアプセー方面における独ソ両軍の兵力は均衡どころか、ソ連軍の優勢に逆転した。
　ところが、ドイツ軍司令部は自己の兵力と可能性を過信し、またソ連軍部隊の兵力を過小評価して、ザカフカス地方進出を諦めなかった。11月半ばにドイツ軍はあらためてトゥアプセー方面への進撃を試み、ゲオールギエフスコエを攻撃した。セマーシコ山の東傾斜面に残っていた兵力をソ連第353及び第383狙撃兵師団部隊を釘付けにするために活用し、ペリーカ村の北の狭い戦区に第97軽歩兵師団部隊を集結させ、11月15日に強力な準備砲撃を行ってソ連第9親衛狙撃兵旅団を襲った。そして、ゴイトフ村の南で防御に就いていた同旅団第4大隊をその陣地から払いのけ、旅団の背後に迫

ろうとした。このため、第9親衛狙撃兵旅団は北西方向へやむなく撤退した。

ソ連軍の防御地帯に5kmほどの断裂が生じ、ドイツ軍部隊はそこからドヴァー・ブラータ山、セマーシコ山、カメニースタヤ山へと徐々に攻撃を広げていった。やがてここには5個連隊規模のドイツ軍歩兵が砲兵及び迫撃砲兵部隊とともに集結し、ゲオールギエフスコエにドイツ軍が進出する可能性が高まった。

しかし、この地区におけるドイツ軍のその後の進撃は、ソ連第383及び第353狙撃兵師団、そしてここに新たに投入された第165狙撃兵旅団によって食い止められた。ドイツ軍進撃部隊は大損害を出して、防御態勢に移らざるを得なくなった。

黒海集団司令官はドイツ軍進撃部隊の両翼に対する反撃を発起し、その連絡路を奪取し、敵を包囲殲滅することを決定した。この決定にしたがって黒海集団の部隊再編成が実施され、ソ連軍防衛地帯に食い込んだドイツ軍部隊の両翼部の正面に突撃集団を編成した。

11月26日、これら突撃集団の諸部隊は攻撃に転じた。山林地帯の険しい戦闘でドイツ軍の頑強な抵抗に遭い、ソ連軍突撃集団が初日に前進できた距離はわずか500～1,000mに過ぎなかった。12月5日の時点で、ドイツ軍防衛戦の中央部で攻撃に出ていたソ連第353狙撃兵師団部隊は敵陣を突破し、第383狙撃兵師団部隊とともに三方から879.0高地にあったドイツ軍の抵抗拠点を制圧した。ソ連第165狙撃兵旅団はこのときまでに、カメニースタヤ山の北東1.5kmにあったドイツ軍の防御拠点の包囲を完了した。ソ連第83山岳狙撃兵師団は右翼部隊でもって、インジューク山の東方3kmの地区にあった敵の抵抗拠点を包囲し、他方左翼部隊はドイツ軍の反撃を撃退しつつ398.8高地を攻め落とした。

12月7日の夕刻には第383狙撃兵師団と第83山岳狙撃兵師団の隷下部隊はドイツ軍の抵抗を抑え、反撃を撥ね返しながら、カメニースタヤ山北東斜面に進出し、この山で行動していた敵部隊の退路を遮断した。

この時点でさらに、第353狙撃兵師団と第165狙撃兵旅団は第383狙撃兵師団及び第83山岳狙撃兵師団と連携して879.0高地、セマーシコ山の北東とカメニースタヤ山の各地区に立て篭もっていたドイツ軍守備隊を包囲殲滅した。

ドイツ軍は反撃を頻繁に繰り返すようになり、占領地区を確保すべくあらゆる措置をとったが、ソ連第83山岳狙撃兵師団と第383狙撃兵師団がドイツ軍のセマーシコ守備隊と後方部隊との連絡路に到達してそれを分断し始めると、ドイツ軍部隊はやむを得ずプシーシュ川を越えて北東方向に退却した。

ソ連第383狙撃兵師団と第83山岳狙撃兵師団はドイツ軍セマーシコ守備隊の退路を塞ぎ、横谷や窪地でばらばらになって抵抗を続ける敵兵を掃討しつつ北東方向に進んで行った。ソ連第18軍突撃集団は徐々に前進し、12月15日にはプシーシュ川の線に辿り着いた。

　ソ連第18軍部隊の反撃によりドイツ軍セマーシコ守備隊は壊滅し、その残存兵力はプシーシュ川の奥に駆逐された。この際、トゥアプセーに進出しようとしたドイツ軍の最後の試みが撃退されたのだった。ここにおいて、12月20日、黒海集団のトゥアプセー防衛作戦は完了し、攻勢転移の準備が開始された。

　ドイツ軍はトゥアプセー方面で多大な犠牲を代償にいくらか前進はしたものの、それは何らの戦術的な成果をもたらさなかった。ドイツ軍はザカフカス地方への突入はおろか、ノヴォロシースク東方の黒海沿岸に進出することさえできなかったのだ。

　この作戦地域は山岳地帯であったため、独ソ両軍の戦車の使用は限定的であった。ドイツ側の戦車部隊（主にSS「ヴィーキング」自動車化歩兵師団とスロヴァキア快速師団）は小規模編制（戦車5～20両）のグループに分けて使用され、あらかじめ用意された待ち伏せ陣地から攻撃し、ソ連軍部隊との正面衝突を避けていた。ソ連側は、ザカフカス方面軍黒海部隊集団第47軍の編制下で第126独立戦車大隊（T-34中戦車3両、BT-7快速戦車1両、T-60軽戦車5両、T-26軽戦車1両、BA-10装甲車4両）が、第18軍の指揮下では第12独立装甲列車大隊が活動していた。

　1942年の10月は、第126独立戦車大隊はエリヴァンスキー町地区でドイツ軍歩兵との局地戦を繰り返し、火砲数門を破壊し、1個中隊規模の敵歩兵を掃討した。またこの間、同大隊は敵機の爆撃によりT-60軽戦車1両を失った。

　1942年10月の末には、戦場が戦車の使用には困難なほど激しく起伏する場所に移ったため、ザカフカス方面軍北方部隊集団司令官の命令で第126独立戦車大隊は第47軍の編制から外され、トゥアプセー防衛地区に配属を移された。

　第12独立装甲列車大隊は第18軍司令官予備としてゴイトフ駅に待機し、第326狙撃兵師団と連携して、第328狙撃兵師団の進撃に支援砲撃を行う任務を与えられていた。1942年10月10日、2時間の準備砲撃の後自らの任務を遂行していたこの大隊は、特に必要もないのに射撃陣地に残るよう命令された。「射撃陣地にて待機」していた装甲列車はドイツ軍航空部隊の襲撃を受け、機能不全に陥ってしまった。回収できたのは、1本の装甲列車の戦闘車1両のみで、他は部隊の撤退時に破壊された。

58：ドイツ軍の8.8cm高射砲Flak37を見上げる赤軍兵。写真手前にはドイツ第13戦車師団の標識が見える。北カフカス地方モズドーク地区、1942年11月。（ASKM）
付記：Flak37ではなくFlak36である。駐退復座装置カバーに描かれたDの文字は、4番砲であることを示している。口径8.8cm、砲身長56口径4.686m、戦闘重量4,985kg、最大射高9,900m、最大射程1万4,813m、発射速度毎分15発、弾頭重量9.4kg。対装甲能力も高く、徹甲弾（Pzgr）を使用して、500mで93mm（垂直から30度傾斜した装甲板に対して）、1,000mで87mm、1,500mで80mm、2,000mで72mmの装甲貫徹力を持っていた。

北方集団部隊の戦闘活動
БОЕВЫЕ ДЕЙСТВИЯ ВОЙСК СЕВЕРОЙ ГРУППЫ

　10月はソ連第9軍防衛地帯において兵力の集結とテーレク川右岸での反攻準備が進められていた。その目的は、テーレク川右岸のテーレク〜ウロジャイノエ〜エリホートヴォの地区に突入してきたドイツ軍部隊を殲滅し、この地区の形勢を回復させることであった。第9軍の行動はザカフカス方面軍司令部の企図によれば、第10親衛狙撃兵軍団のマイオールスキー〜カプースチン地区からテーレク川左岸を伝ったイシチェールスカヤとモズドークに対する攻撃、並びにドイツ第1戦車軍のソローメンスコエ〜ステプノーエ地区の開放された翼側部［注38］にソ連第4親衛騎兵軍団が進出してこの方面のドイツ軍主力後方を狙う南進とが連携して進められることになっていた。第9軍の反攻開始は、第4親衛騎兵軍団がステプノーエ地区に到着した後に予定された。
　第9及び第10親衛騎兵師団からなる第4親衛騎兵軍団は、黒海集団から派遣され、1942年9月28日にスタロ・シチェードリンスカヤ地区に集結した。軍団指揮下には、混成騎兵軍団のうちから第30騎兵師団が移された。その結果、第4親衛騎兵軍団は人員1万2,510名、軍馬9,919頭、砲73門、迫撃砲185門、重機関銃55挺、軽機関銃298挺を擁した。
　10月8日、第4親衛騎兵軍団に編入されるべく第36及び第37装甲

［注38］隣接部隊がいない翼部のこと。（訳者）

車大隊がカームィシェフ地区に到着した。両大隊とも、T-70戦車7両とBA装甲車22両で武装していた。この日、騎兵軍団はアチクラーク方面に前進を始めた。ようやく10月13日の朝までかかって、軍団隷下部隊は敵に遭遇することもなく、アブドゥール・ガズィー〜マフムート・メクテーブ〜カラ・チュベーの地区に師団単位で集結することができた。つまり、交戦もないのに、21日間にもわたって行軍した距離は全部で150km（1日平均12.5km）に過ぎなかったのだ。騎兵軍団のこれほどゆっくりした慎重な移動は、先に指摘した同軍団のステプノーエ地区到着時点に予定されていた第9軍及び第10親衛狙撃兵軍団諸部隊の攻撃開始を遅らせ、その奇襲性を損ねることになった。

　10月13日、騎兵軍団の偵察隊は、ウロジャイノエにドイツ軍警察部隊が配置されており、さらに1個大隊規模の歩兵部隊の到着が予定されていることを掴んだ。また、レヴォクームスコエにはドイツ軍の野戦警備司令部と小規模な守備隊が存在することも判明した。

　第4親衛騎兵軍団司令官のキリチェンコ中将は10月14日、配下の諸部隊に次の任務を与えた。第9親衛騎兵師団は10月19日朝までにウロジャイノエを、また第10親衛騎兵師団はウラジーミロフカを制圧し、第30騎兵師団はクルガン・コロージン地区に到達するよう命じられた。

　10月15、16両日の戦闘で騎兵軍団部隊はウロジャイノエとウラジーミロフカを占領した。

　キリチェンコ司令官は騎兵軍団がアチクラークとステプノーエに向けて首尾よく前進できるよう、第30騎兵師団に対して10月17日にかけての夜半にアチクラークを夜襲奪回するよう命じた。というのも、アチクラークは大きな集落であり、なおかつ道路交通の要衝でもあり、ドイツ軍はここを通じて配下の機動部隊をどの方面にも迅速に展開させることができたからである。

　この時点では第30騎兵師団司令部は軍団偵察情報に基づき、ドイツ軍はアチクラークに歩兵大隊1個と騎兵400名、戦車30両の守備隊を擁していることを把握していた。また、アンドレイ・クルガンには1個中隊規模のドイツ軍歩兵がいるとの軍団偵察情報も受け取っていた。

　実際、このときまでにドイツ軍司令部はソ連第4親衛騎兵軍団の進出を察知して、ドイツ第1戦車軍の左翼と後方を守るためドンバス地方[注39]からA軍集団に砂漠戦の特別訓練を受けたF特殊軍団を急派した。F特殊軍団は第1戦車軍のもとに10月15日に着し、アチクラーク〜ビアーシュ〜プラヴォクープスコエ〜レヴォクームスコエの線で防御に就いた。

[注39] ウクライナ共和国ドネツ川流域の大炭田地帯。（訳者）

59、60：攻撃中のソ連第132独立戦車大隊のT-60戦車群。ザカフカス方面軍地区、1942年11月。(RGAKFD)

付記：T-60軽戦車は、少数生産に終わったT-40水陸両用戦車に代えて生産された軽戦車で、T-30軽戦車の発展型だが、事実上T-40の水陸両用機構が省かれたものといっていいだろう。武装は20mm機関砲で、最大装甲厚は35mmであった。1941年終わりから1943年までに5,915両が生産された。

61：グラスコーフ兄弟は一緒にこのT-34中戦車に乗って戦った。ザカフカス方面軍地区、1942年11月。（ASKM）
付記：T-34は六角形にふたつの円形ハッチを持つ砲塔を装備した、いわゆる1942年型である。

　F特殊軍団のFとは、この部隊を組織したフェルミ将軍の頭文字に由来している。F軍団は、熱帯や砂漠、ステップ草原地帯での行動を想定して、ギリシャ領内で編成された。その後、独ソ戦線に送り込まれ、10月9日まではドイツ軍司令部予備としてドンバス地方に待機していた。

　F特殊軍団の編制には、自動車化歩兵大隊3個と戦車大隊1個、砲兵大隊1個、突撃砲中隊1個、工兵大隊1個、航空隊1個、その他の部隊数個が含まれている。その将兵は6,000名、戦車は64両、砲及び迫撃砲は120門を数えた。この他、騎兵連隊1個と第201戦車連隊1個大隊が付与されていた。

　10月17日、ソ連第30騎兵師団部隊は課された任務を遂行できなかった。アチクラークを夜間奇襲する代わりに、その翌朝にアンドレイ・クルガン地区のドイツ軍最前線部隊を攻撃して失敗した。敵の最前線部隊に釘付けにされた第30騎兵師団は、ドイツF特殊軍団

主力のアチクラークからの反撃に見舞われ、砲兵と戦車部隊の射撃を受けて損害を出し、ベルルイ丘の北西4kmの地点まで後退した。

アチクラークから反撃に出たドイツ軍部隊はソ連第30騎兵師団部隊を駆逐した後、ウロジャイノエとウラジーミロフカを守っていたソ連第9及び第10親衛騎兵師団に攻撃の矛先を転じた。2日間の激戦の末、ソ連第4親衛騎兵軍団はウロジャイノエとウラジーミロフカを放棄した。

1942年10月17日はまた、ソ連第37装甲車大隊が第10親衛騎兵師団とともにアンドレイ・クルガン地区のドイツ軍部隊と交戦した。この戦闘で第37装甲車大隊は敵の戦車1両を破壊、1個中隊の騎兵を一部殺傷の上壊走させた。装甲車大隊の損害は、T-70戦車2両（全損）とBA-64装甲車2両、戦死2名、負傷4名を数えた。

1942年10月21日、第37装甲車大隊は第10親衛騎兵師団砲兵隊の支援の下、カムィーシュ・ブルン地区のドイツ軍部隊と戦い、これを北東方向に後退させた。装甲車大隊は戦死者1名を出したものの、兵器の損害はなかった。

ソ連第4親衛騎兵軍団は優柔不断かつ緩慢で、与えられた任務を遂行できず、敵と接触しても、いくつかの集落を巡る戦闘を長引かせるばかりであった。ソ連騎兵の鈍重さのおかげで、ドイツ軍司令部はウロジャイノエ～アチクラーク地区にF特殊軍団を送り込むことに成功した。第4親衛騎兵軍団の行動のまずさからソ連第9軍及び第10親衛狙撃兵軍団の攻勢転移は引き延ばされた。ザカフカス方面軍司令官は第4親衛騎兵軍団司令官に対して、もっと果敢な行動を要求した。この要求にしたがって、北方部隊集団司令官は1942年10月25日付指令第0170号を発し、騎兵軍団に次の任務を与えた。

すなわち、10月30日の朝から敵の防御拠点を封鎖・迂回しつつ、攻撃をステプノーエ～ソローメンスコエ方向に発展させ、ドイツ軍予備兵力がクマー川の線からモズドークに進出するのを防ぎ、ソ連第63騎兵師団（カフカス分水嶺からマイオールスキー～カプースチン地区に移動集結済み）及び第10親衛狙撃兵軍団（テーレク川左岸沿いに進撃中）と連携して敵のモズドーク部隊を壊滅させるよう命じた。その後は、プロフラードヌイへの進撃が想定されていた。

ところが、ドイツ軍防御拠点を迂回し、ステプノーエ～ソローメンスコエ方面での果敢な行動が厳命されていたにもかかわらず、第4親衛騎兵軍団司令官は11月1日にかけての夜半に再びアチクラークを攻撃奪取することに決定した。騎兵軍団隷下部隊は2昼夜にわたって、アチクラークを守るドイツ軍の歩兵と戦車との険しい、しかし無意味な戦闘を続けた。アチクラーク奪還の試みは何らの成果ももたらさず、損害ばかりを出したソ連騎兵軍団は攻撃を中止し、

11月3日にベルルイ丘～マフムート・メクテーブ～クルタイの地区に撤退し、そこで態勢を整えるのに11月7日までかかった。

11月7日、夕闇の訪れとともに第4親衛騎兵軍団司令官は北方部隊集団司令部からもザカフカス方面軍司令部からもなんの許可も得ずに、キズリャール～アストラハン鉄道を防護する目的で配下部隊を東方にあるチョールヌイ・ルイノク地区に動かし始めた。騎兵軍団司令官は部隊東進の理由を、40日間もステップ地帯で行動し、水分補給の慢性的不足から軍馬が疲労しており、さらに寒波が到来したものの、人員の冬季軍装は欠乏していることによるものと説明した。そのうえ、チョールヌイ・ルイノク地区への撤退はキズリャール～アストラハン鉄道の防御をより確実なものにしうると考えていた。

この撤退を知ったザカフカス方面軍司令官は、11月11日に第4親衛騎兵軍団司令官に電報で次の指令を発した──
「貴下に課された敵の翼部並びに後方に対する急襲作戦の任務が、アストラハン～キズリャール鉄道のウラン・ホール～キズリャール区間を最も良く保護するものであり、貴官の東方への撤退とはまったく相容れないものである。速やかに敵最前線部隊との接触を図り、カムィーシュ・ブルン～トゥクイ・メクテーブ～テレン・クユー線上の従前の防御地帯を守り、敵の捕虜捕獲と指揮系統撹乱のための急襲偵察活動を積極化させよ」。

しかしこのとき、騎兵軍団部隊はドイツ軍部隊から東にすでに100kmも離れところにいた。

このように、第4親衛騎兵軍団はその任務を遂行できなかった。ドイツ軍部隊の後方に不意の攻撃を加える代わりに、ソ連騎兵軍団部隊は要塞化した集落を巡る陣地戦にのめり込み、これらの集落を正面攻撃によって奪取しようと努め、損害を重ねていったのである。11月になるとドイツ軍との交戦から離れ、キズリャール～アストラハン鉄道に向けて撤退し、その後は事実上戦闘には加わらなかった。

ザカフカス方面軍北方部隊集団の他の戦区では、ソ連軍部隊は局地戦を展開し、そこでは労農赤軍戦車部隊が積極的に行動した。

1942年10月の戦闘に加わっていたザカフカス方面軍北方部隊集団の機甲兵力は、第5親衛第52、第15戦車旅団、第75及び第488戦車大隊、第36及び第37装甲車大隊（装甲車大隊の戦闘活動については先述の通りである）、装甲列車10本からなっている。ここに列記された部隊の大半は1942年10月の間は局地戦に携わり、戦車砲による歩兵の火力支援を行っていた。

ソ連第52戦車旅団は1942年10月29日まで、サゴプシン、プセダーフ、ケスケムといった集落のある地区で防御戦を続け、ドイツ

62：ナーリチクで撃破されたドイツ第13戦車師団のIV号戦車。ザカフカス方面軍地区、1942年11月。（ASKM）
付記：IV号戦車はF1型である。第13戦車師団は、コーカサス進撃時に他の戦車師団と異なり、まだIV号戦車長砲身7.5cm砲装備型を配備されていなかった。

軍がアルハン・チュルト盆地に突入するのを防いでいた。

1942年10月4日、ドイツ軍部隊は1個大隊規模の歩兵でもって第52戦車旅団の陣地を攻撃した。しかし、ソ連戦車の組織だった射撃に迎えられて、何度か出撃地点に後退を繰り返していくうちに損害が大きくなってしまった。ドイツ軍部隊が後退するときには、第52戦車旅団はM3軽戦車3両と捕獲Ⅲ号戦車を使って追い討ちをかけ、ドイツ軍歩兵を壊走させて敵の損害を増やし、それから自分の出撃陣地に戻っていった。

この戦闘で優れた活躍を示したのは捕獲ドイツ戦車の乗員で、敵陣に突入して多数の将兵（1個中隊規模の敵歩兵）を掃討し、さらに装甲車1両と自動車2台を破壊した。

1942年10月10日、第52戦車旅団は第57親衛狙撃兵旅団の攻撃を支援し、ドイツ軍の戦闘警備隊を追い払って、新たに獲得した線

で防御を固めた。しかし、さらなる進撃はドイツ軍部隊の強力な抵抗に遭って中断された。8時間続いた戦闘で第52戦車旅団はドイツ軍の自動車2台とオートバイ1台を破壊、1個中隊ほどの将兵を戦死させた。一方、第52戦車旅団の損害は、3両の戦車が撃破され、さらに1両が全焼した。

1942年10月11日から29日の間、第52戦車旅団はそれまでの任務に引き続き従事し、定期的にドイツ軍部隊の集結地に対する定位置からの戦車砲による射撃を繰り返していた。この間に戦車旅団はドイツ軍の歩兵輸送車10台と砲兵中隊1個を殲滅し、2個中隊規模の将兵を殺傷し壊走させた。

ソ連第15戦車旅団は1942年10月7日から第9軍司令官の指揮下に入り、10月の間は第337狙撃兵師団を、その後は第167狙撃兵師団がマルゴベークを右から迂回する進撃を支援していた。第15戦車旅団は与えられた任務を部分的には実行できたが、損害はM3中戦車2両とM3軽戦車1両が全損し、さらにM3中戦車1両、M3軽戦車5両、Mk.Ⅲヴァレンタイン戦車4両が撃破された。これら13両のうち10両（つまり修復可能な車両）は戦場から回収され、さらにそのうちの8両は旅団の装備で回収された。人員の損害（戦死）は10名であった。

1942年10月の間、第15戦車旅団はドイツ軍に次の損害を与えた――戦車4両、105㎜砲1門、対戦車砲7門、自動車4台、重機関銃6挺、軽機関銃4挺、将兵300名、捕虜1名。

10月の戦闘で活動が特に秀でていたのは、中隊長ステパネンコ中尉のM3中戦車である。ソヴィエツキー国営農場付近での戦闘（1942年10月10日）においてこの戦車はドイツ軍の防御陣地を突破し、敵戦車1両と対戦車砲3門、機関銃6挺を破壊し、80名に上る将兵を殲滅した。ソ連戦車も撃破されたものの、自力で戦場から脱出した。この戦闘では75㎜戦車砲手のA・マチューシキンがとりわけ優れた活躍を見せた。乗員全員（6名）はソ連政府勲章叙勲候補に推薦された。

ソ連第5親衛戦車旅団は第9軍機甲本部の1942年9月29日付戦闘指令に基づき、同年10月はマルゴベーク南方に駐屯し、第75独立戦車大隊とともにオジョールナヤ～ヴェールフニー・クールプ～サゴプシン方面での反撃に備えていた。1942年10月2日から22日にかけてはこれらの地区で活発な戦闘を繰り広げ、ドイツ軍の将兵1,800名を戦死させ、戦車38両（このうち20両は全焼）、対戦車砲18門、75㎜砲6門、装甲車2両、6連装機関銃1挺、迫撃砲6門、重機関銃11挺、軽機関銃30挺、装軌式牽引車1両、貨物自動車8台、乗用自動車2台、オートバイ1台を破壊した。自らの損害は、死傷者268名、T-34中戦車2両、Mk.Ⅲヴァレンタイン戦車33両を数え

63：捕獲されたドイツ軍のSd.Kfz.11 3t半装軌式牽引車。北カフカス地方、1942年11月。（ASKM）

64：ナーリチクで捕獲されたドイツ軍のSd.Kfz.11 3t半装軌式牽引車とオペル・ブリッツType3.6-36S。ザカフカス方面軍地区、1942年11月。（ASKM）

63

64

65

66

65：ナーリチク地区で捕獲されたドイツ軍のSd.Kfz.11 3t半装軌式牽引車。(ASKM)
付記：周囲の様子から写真64と同じ場所で撮影されたものであろう。

66：捕獲されたドイツ軍のSd.Kfz.11 3t半装軌式牽引車。北カフカス地方、1942年11月。(ASKM)
付記：3t半装軌式牽引車（3tハーフトラック）は10.5cm野砲クラスの火砲などの牽引のためハンザ・ロイド社が開発した車体で、1939年から1944年までに合計4万1,000両が生産された。Sd.Kfz.251装甲兵員輸送車のベースとなったことで知られる。

た（撃破された戦車のうち25両は旅団自らの装備で回収）。

　労農赤軍機甲総局によってモスクワで編成された第488独立戦車大隊は、ザカフカス方面軍の編制に1942年10月1日に到着し、主にT-50軽戦車とT-34中戦車が配備されていた。1942年10月に第488独立戦車大隊が戦闘に参加したのは、1942年10月11日の進撃作戦のみであった。第4親衛狙撃旅団を支援すべく戦車大隊は全力でドイツ軍の陣地を攻めたが、よく組織された敵の対戦車防御網に飛び込んで大きな痛手を負った ── T-50軽戦車7両及びT-34中戦車1両撃破、25名負傷、1名戦死。

　3時間の戦闘でソ連戦車は何とかドイツ軍の防御を突破することに成功したが、友軍歩兵の支援がなかったために、結局出撃陣地に撤退する羽目となった。1942年10月31日の時点で第488独立戦車大隊に残っていた可動兵器は、T-34中戦車3両とT-50軽戦車19両の計22両であった。

　ザカフカス方面軍北方部隊集団の装甲列車は、1942年10月は2個の装甲列車集団に分かれて戦闘活動を展開した。すなわち、6本の装甲列車からなる「チェルヴリョンナヤ」装甲列車集団（第19及び第36装甲列車大隊から各2本、NKVD大隊及び第66装甲列車大隊から各1本）と2本の装甲列車を持つ第41装甲列車大隊である。キズリャール～チェルヴリョンナヤとエリホートヴォの地区でそれぞれ行動し、敵陣への射撃を繰り返して友軍部隊を援護した。しかも、自らの損害は概ね小規模に抑えることができた。

ザカフカス方面軍機甲部隊の保有兵器（1942年1月1日現在）

車種/部隊名	5gv.tbr	15tbr*1	52tbr*2	2tbr*3	63tbr*4	75otb	488otb	132otb*5	562otb	36bb*6	37bb*6
KV重戦車	3	1	3	―	―	―	―	―	―	―	―
T-34中戦車	8	―	3	24	24	―	5	―	―	―	―
T-60軽戦車	―	―	8	―	―	―	―	10	―	―	―
T-50軽戦車	―	―	―	―	―	―	27	―	―	―	―
T-70軽戦車	―	―	―	16	16	―	―	―	―	7	7
M3軽戦車*7	―	24	9	―	―	10	―	―	10	―	―
M3中戦車*7	―	5	―	―	―	―	―	―	―	―	―
Mk.IIIヴァレンタイン戦車*7	40	10	10	―	―	8	―	―	6	―	―
T-26軽戦車	―	―	―	―	―	―	―	11	―	―	―
BT快速戦車	4	―	―	―	―	―	4	―	―	―	―
BA-64装甲車	―	―	―	―	―	―	―	―	―	22	22

凡例：gv.=親衛～、tbr=戦車旅団、otb=独立戦車旅団、bb=装甲車大隊
*1）北方部隊集団への到着編入は1942年10月4日。
*2）さらに捕獲III号戦車2両も配備されていた。
*3）北方部隊集団への到着編入は1942年10月24日。
*4）北方部隊集団への到着編入は1942年10月29日。
*5）北方部隊集団への到着編入は1942年10月20日。
*6）北方部隊集団への到着編入は1942年10月4日。
*7）レンドリースによるアメリカ、イギリス製戦車

ナーリチク防衛作戦 (1942年10月25日〜11月12日)

**НАЛЬЧИКСКАЯ ОБОРОНИТЕЛЬНАЯ ОПЕРАЦИЯ
(25 октября – 12 ноября 1942 г.)**

　1942年10月25日、ザカフカス方面軍司令官は北方部隊集団の攻勢転移を決断し、その攻勢計画をソ連軍最高総司令部（スターフカ）に上申し、しかるべき事前の指示を北方部隊集団司令官に与えた。ところが、この攻勢は北方部隊集団が実行に移すにはいたらなかった。というのも、10月25日にドイツ軍の方がナーリチク［注40］方面において攻勢に移ったからである。

　10月24日夕刻現在のソ連軍部隊は次のような態勢にあった。北方部隊集団は正面約350kmの前線を総合兵科軍4個と独立狙撃兵軍団2個、騎兵軍団1個、騎兵師団2個、航空軍1個で守っていた。総合兵科軍は、狙撃兵師団22個と狙撃兵旅団18個を数えた。

　北方部隊集団は砲兵連隊9個（150mmBR-2カノン砲、203mmB-4榴弾砲、280mmBR-7榴弾砲などの永久トーチカ・要塞破壊を目的として強力な砲弾を発射する高威力砲を装備した連隊2個を含む）と対戦車砲連隊10個、迫撃砲連隊2個、親衛迫撃砲連隊2個（ロケット砲「カチューシャ」）で強化された。

　この作戦に参加する機甲部隊は11月初めの時点で戦車旅団6個（第2、第5親衛、第15、第52、第63、第207）と戦車大隊2個（第75及び第266独立戦車大隊）からなり、これに装甲列車部隊5個が加わった（第36、第41、第42独立装甲列車大隊——各々装甲列車2本、NKVD軍第46独立軽装甲列車、第19独立装甲列車大隊第2装甲列車）。

　ザカフカス方面軍北方部隊集団には、ドイツ第3及び第40戦車軍団と第52軍団、F特殊軍団、シュタインバウアー軍集団からなるドイツ第1戦車軍が対峙していた。第1戦車軍は、戦車師団3個と自動車化師団1個、歩兵師団2個、山岳狙撃師団2個、さらに11個に上る各種大隊を擁していた。

　北カフカスにおけるドイツ軍戦車部隊には、第3、第13、第23戦車師団、SS「ヴィーキング」自動車化歩兵師団（SS「ヴィーキング」戦車大隊）、F特殊軍団傘下のボロフ大隊（戦車50両）があった。これらドイツ戦車部隊の兵力について、労農赤軍諜報組織が把握した情報をまとめると、次の通りになる。

　第3戦車師団は1942年10月末現在、Ⅱ号及びⅢ号戦車は100両に上り、そのうち一部は新型50mm砲を搭載。

　第13戦車師団の10月末時点の戦車戦力は、Ⅱ号、Ⅲ号、Ⅳ号（F2型）をあわせて150両に達する。

　第23戦車師団は同じく10月末に、最大70〜80両のⅡ号及びⅢ号

［注40］モスクワの南方1,873kmに位置するロシア連邦カバルディーノ・バルカーリヤ共和国の首都で、19世紀前半にはカフカス国境要塞線の城塞があった。（訳者）

67：ソ連軍の手に落ちたIV号戦車。（ASKM）
付記：IV号戦車F2（G）型。これは、当時としては配備が始まったばかりの最新型で、ソ連軍にとっては貴重な捕獲品となったであろう。主砲の43口径砲は通常徹甲弾を使用して、1,000mで82mm（30度傾斜した装甲板に対して）、1,500mで72mm、2,000mで63mmの装甲貫徹力を有しており、T-34と互角以上に渡り合うことができた。

戦車を保有。

SS「ヴィーキング」自動車化師団第5独立戦車大隊には、III号戦車が40〜50両配備されている。

F特殊軍団の編制下にあったボロフ戦車大隊の兵器は主に軽戦車で、その数は50両程度と見られる。

第1戦車軍の左翼、ウロジャイノエからアガ・バトゥイリまでの戦区ではF特殊軍団が防御にあたっていた。アガ・バトゥイリ〜クレーチェトフ〜イシチェールスカヤさらにテーレク川沿いのノガイ・ミルザにいたる地区の防衛は、第40戦車軍団第3戦車師団が、受領した5個の独立戦車大隊とともに担当した。テーレク川の屈曲部におけるノガイ・ミルザ〜ヴェールフニー・クールプ〜エリホートヴォ〜アレクサンドロフスカヤ〜マーイスコエ〜ノヴォ・パーヴロフスキーの線には第1戦車軍の主力である第52軍団と第3戦車軍団の計5個師団が配置され、その内訳は第13及び第23戦車師団、SS「ヴィーキング」自動車化歩兵師団、第11及び第370歩兵師団であった。残る前線（プリシープスカヤ郊外からバクサン川に沿ってカーメンノモースツコエまで）には、ルーマニア第2山岳狙撃兵師団と各種大隊6個からなるシュタインバウアー軍集団が布陣した。

ドイツ軍司令部は、マルゴベーク橋頭堡からアルハン・チュルト盆地を通過してグローズヌイ油田地帯に突入する試みが失敗してからは、ソ連北方部隊集団第37軍の防衛地帯で攻勢に移る決意を固めた。

ナーリチク防衛戦前期（10月25日〜11月5日）

ХОД БОЕВЫХ ДЕЙСТВИЙ НА ПЕРВОМ ЭТАПЕ
(25 октября-5 ноября)

　コトリャローフスカヤ〜マーイスコエの地区の橋頭堡に第13及び第23戦車師団を集結させたドイツ軍は、個々の部隊でもってアルハン・チュルト盆地への攻撃を示威したが、実際のところはエリホートフスキエ・ヴォロータを西から迂回してナーリチク〜オルジョニキーゼの方面に攻撃を発起しようと企図していた。第13戦車師団はコトリャローフスカヤ〜スタールイ・チェーレク〜アルグラン〜スタールイ・ウルーフ〜ジーゴラ〜アルドンスカヤの方向に進撃し、第23戦車師団はナーリチクを直接攻撃し、それから後はウラジカフカス（オルジョニキーゼ）に矛先を向けた。

　ドイツ軍の攻勢は朝の空襲に始まった。100機に上るドイツ爆撃機が戦闘機群に護衛されて、ソ連第295狙撃兵師団の陣地とドリンスコエ（ナーリチクの南）にあった第37軍の指揮所に爆撃を行った。この結果、第37軍の指揮所と通信中継拠点が破壊された。

　第295狙撃兵師団は粘り強く抵抗したものの、やはり敵の進撃を食い止めることはできなかった。ドイツ軍部隊はキシュペークの東端〜チェゲーム川北岸（第2チェゲーム地区）〜第2チェゲーム〜第3クィズブールンの線に進出し、ここでソ連第37軍の防衛地帯に縦深2〜8kmの切り込みを入れた。10月26日の朝、ドイツ軍は進撃を再開し、ソ連第295狙撃兵師団を圧迫しつつ、その日の午後には先鋒部隊がナーリチク市への近接路に到達した。ソ連第2親衛狙撃

68、69：激戦の末に破壊されたソ連第36独立装甲列車大隊の装甲列車。ザカフカス方面軍地区、1942年11月。(RGAKFD)

　兵師団第875狙撃兵連隊がドクシューキノから第2チェゲームに向けて発起した反撃も成果はもたらさなかった。
　ドイツ軍はナーリチクを北から攻めるばかりでなく、準備砲撃と準備空襲の後、10月26日の正午に第13及び第23戦車師団の兵力をもってコトリャロフスカヤ〜マーイスコエ〜プリシープスカヤの地区からソ連第151狙撃兵師団第626狙撃兵連隊と第2親衛狙撃兵師団隷下部隊に対する攻撃も始めた。ドイツ軍の主攻撃はアルグダン方面に向けられた。これには100両に上るドイツ戦車が加わった。
　ドイツ戦車群は脆弱なソ連第626狙撃兵連隊の防衛を突破して、南西方面に急速に行動を拡大させていき、この日の終わりにはスタールイ・レスケン〜アルグダン〜ニージニー・チェーレクの線まで計20kmもの前進を果たした。ドイツ第13及び第23戦車師団のこの方面における進撃とソ連第37軍の防衛地帯に打ち込まれた楔は、赤軍部隊の形勢を困難にした。それに加え、通信連絡が取れないソ連軍部隊は激戦が頂点を迎えたときに指揮統制を喪い、各個ばらばらに行動しながら、南や南西の方向に撤退していった。
　また、これと同じ理由で、ソ連第37軍部隊は北方集団本部が10月26日付で発した第2防衛線での防御態勢立て直しの命令も受領できず、当然その実行もできなかった。
　ドイツ第13及び第23戦車師団部隊はそれまでの方向に進撃を続け、10月27日にはスタールイ・ウルーフ〜第2レスケン〜プスィ

ガンスの地区に到達し、今度は進路を南東のチコラー～ジーゴラ方面に転じた。このときまでにソ連第37軍の撤退部隊の間には亀裂が生じ、ウルーフからチコラーに至る地区は完全に露出してしまった。そのため、ウラジカフカス（オルジョニキーゼ）がドイツ軍突入の危機にさらされた。

　10月30日にかけての夜半、ジーゴラ地区にソ連第52戦車旅団が第22対戦車砲連隊を伴って差遣された。これと同時にアルドン川の線には、第58軍から第319狙撃兵師団が送り込まれ、アルドン川河口～スアダーグの戦区に防御を固めた。

　1942年10月の間は、ソ連第52戦車旅団とそれに付与された第75及び第266独立戦車大隊は積極的な攻撃行動はとらなかった。しかし、1942年10月29日から30日にかけての夜半、第75及び第266独立戦車大隊、第22対戦車砲連隊、対空連隊、第164狙撃兵旅団1個大隊とともにドゥル・ドゥル川東岸の対戦車地区で防御に就き、ドイツ軍のジーゴラへの移動を阻止すべし、との命令を受領した。

　第52戦車旅団は、1942年10月30日は1日をかけて防御地区並びに仮想反撃方面の偵察を実施し、第10狙撃兵軍団部隊及び砲兵部隊との連携行動に関する調整を行った。翌10月30日から31日にかけての深夜に戦車旅団は配下の戦車並びに自動車化狙撃兵大隊をドゥル・ドゥル川東岸の防御に配置した。

　1942年10月31日現在の第52戦車旅団には34両の戦車が配備され（1942年10月29日、M3軽戦車15両が第5親衛戦車旅団に、ヴァレンタイン戦車13両が第15戦車旅団に、KV重戦車5両が第266独立戦車大隊に引き渡された）、その内訳はT-34中戦車20両、T-60軽戦車11両、Ⅲ号戦車L型3両である。第75独立戦車大隊は12両の戦車（Mk.Ⅲヴァレンタイン戦車3両、M3軽戦車9両）、第266独立戦車大隊はKV重戦車ばかり8両を保有していた。

　ドイツ軍は1942年10月31日の夜明けとともに、2個縦隊に分けた70両に上る戦車群を砲兵と多数の航空機の支援の下にジーゴラ方面へ進撃させた。しかし、ソ連軍統合戦車集団（第52戦車旅団、第75及び第266独立戦車大隊）の待ち伏せ射撃に迎えられ、3回も出撃地点に退避しなければならなかった。それでもこの日の午後にはソ連第10狙撃兵軍団部隊の防御をベロレーチェンスカヤ地区で突破し、攻撃をさらにアルドンに向け、ソ連軍の戦車抵抗拠点を左翼で迂回した。このため、ソ連軍統合戦車集団は完全包囲の危機に陥り、終日存亡を賭けた抵抗を続けた。

　この日の夕暮れまでにソ連戦車集団は後退戦闘を行いながらアラギールに辿り着き、その北端で防御を固めた。第52戦車旅団は数回にわたって反撃に出て、1942年11月1日はずっとこの防御地区

を維持した。そして、ドイツ軍がアルドンを占領してようやくアラギールを離れ、ズアリカーウの北に道路が交差する地区で防御に就いた。

ドイツ軍は11月1日も進撃を続行し、ウラジカフカス（オルジョニキーゼ）とその近隣地区に対して絶え間なく空襲を実施し、アラギールを占領した後にアルドン川を渡河した。ソ連第319狙撃兵師団の2個連隊はナールト地区に後退し、そこでキーロヴォ〜ナールトの線に防御陣地を敷いた。同師団のもう1個の連隊はズアリカーウの南にある峡谷に撤退した。この日の夕刻にドイツ軍戦車部隊の先鋒は、ラッスヴェート〜フィアグドンに迫り、ソ連第11親衛狙撃兵軍団第34狙撃兵旅団に戦いを挑んだ。その結果、第34狙撃兵旅団の主力はフィアグドンの北東端に、また残る兵力はズアリカーウとマイラマダーグに退いた。

1942年10月30日から11月1日にかけての戦闘で、ザカフカス方面軍の装甲列車部隊は不朽の栄光に包まれた。

第36独立装甲列車大隊は2本の装甲列車で10月30日からアラギール〜アルドン間を往来し、ドイツ軍のオルジョニキーゼ突入の阻止に努めた。第42独立装甲列車大隊は1942年10月27日にダールグ・コフ〜アルドン地区に差遣され、ドイツ軍のズメイスカヤ、ベロレーチェンスカヤ〜ジーゴラ両方面からの前進を阻止する任務に就いた。

10月31日正午、第42独立装甲列車大隊はドイツ軍の戦車と航空機に襲撃された。第36独立装甲列車大隊第1列車はアルドン戦区を移動中この情報に接し、友軍列車の救援に向かった。ところが自らも、航空機に支援されたドイツ戦車群に捕捉されてしまった。第36独立大隊第1列車は自らに敵の射撃を引き付けて、第42独立大隊の装甲列車が戦闘から外れるチャンスを与えた。そして、同日1800時まで休みなく戦い続けた。

1400時、第1装甲列車に敵の砲弾が直撃し、配気装置が破砕され、走行が不可能となってしまった。1430時になると戦闘車が放火されて砲弾1個が誘爆し、さらに1500時には搭載砲の砲身に敵弾が命中して、砲座担当班が全員戦死した。1630時、さらにもう1両の戦闘車が爆破され、DShK機関銃 [注41] が全滅。1730時には、第4戦闘車が破砕し、装甲機関車はとうとう全壊した。この後、生き残った乗員は残存兵器を戦闘車から取り外し、列車を放棄した。装甲列車の他にこの地区の防衛には狙撃兵中隊1個と戦車5両、砲兵大隊1個が加わっていたが、それらの装甲列車への支援は戦闘が終わるまでついになかった。

第36独立装甲列車大隊第1列車はドイツ軍の戦車5両とユンカースJu88 2機を破壊した。この列車は1800時に完全に破壊され、人

[注41] 12.7mm DShK M1938機関銃のことであろう。（監修者）

員の損害は48名、そのうち戦死者13名、負傷者17名、行方不明者18名であった。

　列車乗員は、すべての火器が破壊され、戦闘車がすべて燃え尽きるまでドイツ戦車との果敢な格闘を止めなかった。装甲列車指揮官のファンデーイ上級中尉は自ら傷と火傷を負いながらも、乗員の退避と負傷者の戦場からの救出を指揮した。

　第36独立装甲列車大隊第2列車は1942年11月1日1140時、アルドン駅から3kmの担当戦区で、ジーゴラから移動してきたドイツ戦車群と戦火を交えた。戦闘は1220時まで続いた。ドイツ戦車の放った徹甲弾が装甲機関車のボイラーを撃ち破り、蒸気が運転台の中に噴出し、運転班全員と装甲列車司令室にいた指揮官のポルーシキ

70、71：全壊したソ連装甲列車。ザカフカス方面軍地区、1942年11月。（ASKM）

ン上級中尉は焼死した。さらにすべての戦闘車が直撃弾にやられ、各車担当班の大半は火災や砲弾の破裂によって死亡した。装甲列車は指揮統制を失い、アルドン駅に向かって傾斜面を滑走しだした。生き残った乗員らは列車から飛び降り始めた。アルドン駅まで残り5kmというところで、時速50〜55kmで滑走していた装甲列車は脱線し、残っていた弾薬が爆発して列車の残骸を吹き飛ばした。

　この戦闘において第2装甲列車は、ドイツ軍の戦車5両、装甲車1両、貨物自動車15台を破壊し、1個中隊規模の将兵を掃討した。自らの損害は、将兵の損失が96名で、そのうち43名が戦死、2名が負傷、行方不明が51名であった。

　第42独立装甲列車大隊の装甲列車2本は2時間の戦闘の後、テーレク川を渡ってダールグ・コフ駅に撤退を始めた。そのとき、2両の戦闘車は炎上し、もう1個は撃破され、さらに装甲機関車が損傷

していた。この戦闘で第42独立装甲列車大隊はドイツ軍の戦車23両を破壊・撃破し、ユンカースJu87 2機を撃墜した。

11月12日、装甲列車はドイツ軍機の空襲を受け、さらに2両の戦闘車が損傷した。この2日間で第42独立装甲列車大隊は35名の死傷者を出した（戦死11名、負傷24名）。

第42独立装甲列車大隊指揮官レーベジェフ少佐の決定により、2本の列車の残存兵器・資材を集めて1本の装甲列車に改編され、これまでの任務の遂行を続けた。

ウラジカフカス（オルジョニキーゼ）地区の戦況悪化に伴い、ソ連北方部隊集団司令官は11月1日、第10親衛狙撃兵軍団（第4、第5、第6、第7各親衛狙撃兵旅団）をイシチェールスカヤ方面からウ

ラジカフカス方面に転戦させる決定を下した。これと同時に、北方部隊集団司令官の指示によりナールト地区に第2戦車旅団が第319狙撃兵師団司令官の作戦指揮下に送り込まれた。第15戦車旅団を伴っていた第11親衛狙撃兵軍団はさらに第5親衛戦車旅団で強化され、アルホンスカヤ地区に配置された。

ソ連第2戦車旅団は第9軍の編制下に第11親衛狙撃兵軍団部隊と連携して、ギゼーリ～ノーヴァヤ・サニーバ地区で進撃中のドイツ機甲部隊に対する防御戦闘を数日間にわたって繰り広げていた。第2戦車旅団は、T-34中戦車24両とT-70軽戦車16両の計40両の戦車を保有していた。

ソ連第15戦車旅団もまた第9軍に所属し、第11親衛狙撃兵軍団地帯においてアルホンスカヤから南へ2kmの地区に布陣した。そして、アルホンスカヤ方面へのドイツ軍部隊の突破を阻止する任務を

72

負っていた。旅団内の可動戦車は39両で、その内訳はMk.Ⅲヴァレンタイン戦車22両とM3軽戦車16両、M3中戦車1両である。

　第5親衛戦車旅団（第9軍所属）はフィアグドンの東2kmに配置され、第57狙撃兵旅団とともにソヴィエツカヤ～ズアリカーウ地区でのドイツ軍への反撃に備えて待機し、敵のアルホンスカヤ方面への突破を防ぐ課題を受領した。40両の可動戦車（Mk.Ⅲヴァレンタイン戦車24両、M3軽戦車16両）を持ち、さらにMk.Ⅲ戦車2両が修理中であった。

　第2戦車旅団は第11親衛狙撃兵軍団司令官の口頭の命令で、1942年11月2日0700時にマイラマダーグ地区に集結し、ズアリカーウ～フィアグドン方面への攻撃を準備し、待機していた。

　同日0900時、ドイツ軍は130両に上る戦車兵力を基本攻撃軸に沿ってギゼーリに北西から進撃せしめ、ソ連第2戦車旅団を右側から迂回してその背後に進入し、ギゼーリ～ズアリカーウ間の道路を押さえようとした。そうすることによって第2戦車旅団のウラジカフカスへの退路を遮断することを狙ったのだ。

　第2戦車旅団司令官はこの戦況を見て、軽戦車群をギゼーリ街道に送り込み、ドイツ軍進撃部隊を正面で釘付けにすることを決定した。そのうえで、敵の側背をノーヴァヤ・サニーバ～ギゼーリ方面で第52戦車旅団に襲わせることを思いついた。だが、その第52戦車旅団はと言えば、この日ギゼーリ地区に急派され、1日の間に5回もドイツ軍の攻撃に応戦したため、夕方まで可動状態に残っていた戦車はわずか10両に過ぎなかった。しかも、第2戦車旅団も

72、73：転落し裏返しとなったドイツⅣ号戦車。北カフカス地方ウラジカフカス（オルジョニキーゼ）地区。1942年11月。（ASKM）
付記：はっきりしないが起動輪の形状とダンパーの数から、おそらくⅣ号戦車D型の後期生産車体であろう。

第52戦車旅団も互いに合流することができなかった。なぜならば、第2戦車旅団はノーヴァヤ・サニーバ方面でドイツ軍の対戦車砲と戦車砲の猛射を浴びて23両もの戦車を失い、6時間の戦闘を経て生き残った兵力はオルジョニキーゼの方向に撤退したからである。

　ギゼーリ地区を獲得したドイツ軍部隊は11月3、4の両日、ウラジカフカス（オルジョニキーゼ）への攻勢拡大を試みた。しかし、ソ連北方部隊集団はドイツ軍の攻撃をカルジン、キーロヴォ、ナールト、ノギール、ギゼーリ東郊の各地区で撃退し、しかも所によっては自ら反撃に出るなどして、ドイツ軍のさらなる進撃を食い止めることに成功した。

　この2日間は、ソ連戦車部隊の中では第52戦車旅団のみがドイツ軍の戦車、歩兵との戦闘を展開した。

　10月31日から11月4日の間は執拗な戦いが続いたが、ソ連統合戦車集団（第52戦車旅団、第75及び第266独立戦車大隊）はドイツ軍の戦車34両と対戦車砲6門を破壊、迫撃砲中隊3個と自動車13台を殲滅し、1個中隊規模の将兵を殺傷し壊走させることができた。

　ドイツ軍部隊の楔はソ連軍防衛地帯のチコラー～ジーゴラ～アラギール～ギゼーリの方向に深く食い込んでいったが、同時にソ連軍部隊の抵抗も次第に強まっていった。そして11月4日には、ドイツ軍が1個大隊ほどの歩兵に10～30両の戦車を随伴させた攻撃を何度試みても効かなくなっていた。

　11月2日から4日の戦闘には、第42独立装甲列車大隊所属列車、

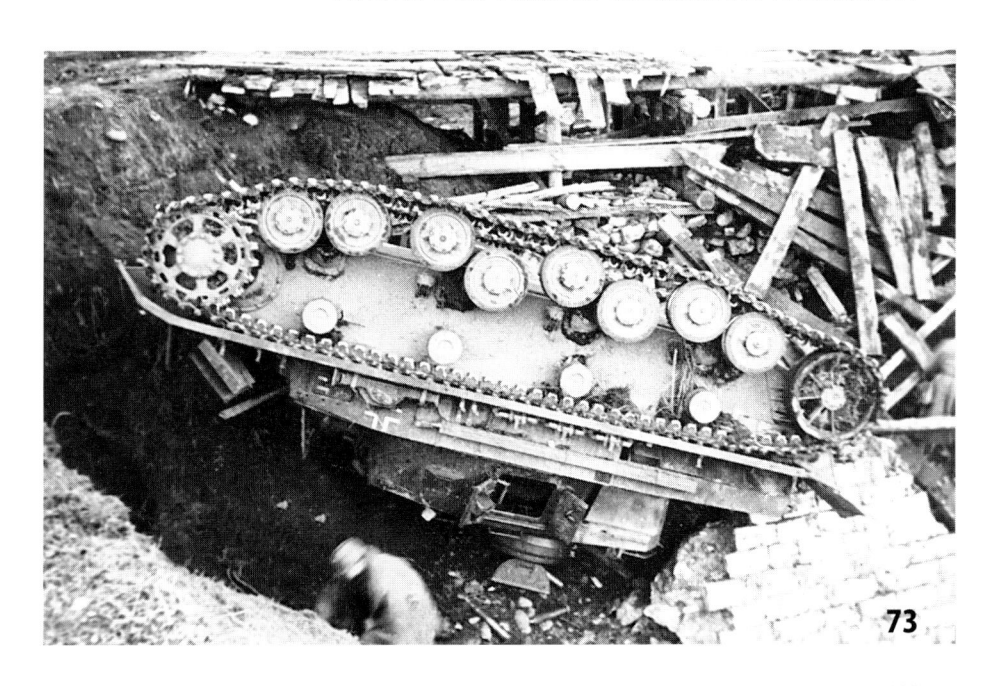

73

74

74・75：ソ連軍が捕獲したⅢ号戦車とⅣ号戦車。北カフカス地方モズドーク地区、1942年11月。（ASKM）

付記：手前2両（写真75）はⅣ号戦車F2（G）型、真ん中はⅢ号戦車J型後期生産型、奥はL型であろう。目立って破壊された様子は見られず、撤退の際燃料切れか機械故障で慌ただしく放棄されたものであろう。

　第19独立装甲列車大隊第1列車、第41独立装甲列車大隊所属列車、NKVD第46軽装甲列車の4本の装甲列車が加わった。この間の装甲列車の活動は、ドイツ軍の航空部隊による襲撃を撃退し、ダールグ・コフ、アルドン、ギゼーリの各方面における敵の戦車並びに自動車化歩兵の集結部隊を壊滅させることに終始した。

　11月2日、ドイツ戦車縦隊がソ連軍防衛線に突き刺さり、戦いながら進路を切り拓き、テーレク川の渡河を目指した。これと同時に、戦車の支援の下に機関銃など自動火器を備えた歩兵部隊が突撃し、ソ連軍の橋梁警備隊と第419対戦車砲連隊数個中隊の対戦車射撃班を全滅させた。ドイツ軍歩兵部隊は6連装迫撃砲中隊の支援も受領して、459.5高地と橋を猛攻し、敵部隊の駆逐と橋の確保を命じられていたソ連第84狙撃海兵旅団に前進の機会を与えなかった。そこで、ソ連海兵隊の増援に第41独立装甲列車大隊の列車が送り込まれた。3時間続いた戦闘の後、橋はソ連軍が守り通し、ドイツ6連装迫撃砲中隊は壊滅状態に陥った。この装甲列車はさらに8両の

76

75

76：赤軍部隊がオルジョニキーゼ地区で鹵獲したドイツ軍装甲車Sd.Kfz.231。1942年10月。（RGAKFD）

107

敵戦車を破砕・撃破し、歩兵1個大隊を壊走させた。

　戦闘が終わりに近づいた頃、装甲列車に12機のユンカースJu87が襲い掛かった。この空襲で戦闘車1両と対空砲座が機能を喪失し、装甲機関車のボイラーが破壊された。撃破された装甲列車は第19独立装甲列車大隊の重装甲列車によって戦場から回収され、修理のためマハチカラー市に後送された。

　NKVD第46独立軽装甲列車は1942年11月3日に担当地区のベスラン～オルジョニキーゼ戦区に到着し、同区間の線路を守備し、オルジョニキーゼ地区への敵の進入を阻止すべし、との戦闘課題を受領した。11月4日から8日にかけて軽装甲列車は、スピルトザヴォード、国営農場機械・トラクター部、コロンカ駅の各射撃陣地から、ギゼーリ～ノーヴァヤ・サニーバ地区に集結していたドイツ軍部隊を射撃した。合計7回の襲撃を敢行し、ドイツ軍の戦車5両と自動車14台を破壊した。また、第19及び第42独立装甲列車大隊の活動も十分な効果を上げた。

77：ドイツ軍が遺棄した第13戦車師団所属のⅡ号戦車と装甲車Sd.Kfz. 231。北カフカス地方モズドーク地区、1942年11月。（ASKM）
付記：Ⅱ号戦車はF型である。Ⅱ号戦車はすでに旧式化していたが戦車不足の中使用が続けられた。F型は本来1940年に生産が開始される予定であったがスケジュールが遅れ、1941年3月から生産が開始された。しかし1942年12月までに524両で生産は打ち切られ、以後車体は自走砲に流用されることになった。Sd.kfz.231 8輪装甲車は機動力に優れた偵察用車両で、武装は20mm機関砲で、最大装甲厚は15mm、最大速度は85km/hであった。無線機を増設したSd.kfz.232と合わせて、1936年から1943年9月までに607両が生産された。左隅の車体はⅢ号戦車のようだが、形式は判然としない。

77

ナーリチク防衛戦後期（1942年11月6日～12日）

ХОД БОЕВЫХ ДЕЙСТВИЙ НА ВТОРОМ ЭТАПЕ
(6–12 ноября)

　ドイツ軍は多大な犠牲を伴いながらも進撃を続けてきたが、11月5日には体力も尽き、やむなくその足を停めた。細い袋小路に入り込んだも同然のドイツ軍部隊は、ソ連北方部隊集団予備から到着する部隊によって周りを次第に厚く取り囲まれていき、ギゼーリ地区で完全包囲される危機的状況に陥った。

　ザカフカス方面軍北方部隊集団の各戦車旅団は狙撃兵部隊を支援すべくそれぞれ配置された。第2及び第52戦車旅団は、第52旅団司令官V・フィリッポフ少佐の指揮下に1個の戦車集団として統合され、第10親衛狙撃兵軍団の支援を任務とした。第5親衛及び第63戦車旅団は1942年11月5日付戦闘命令第0060号により、第11親衛狙撃兵軍団の攻撃を保障しなければならず、第5親衛戦車旅団は増援兵力として1942年11月4日に第207戦車旅団第561戦車大隊を受領した。その前まで第207戦車旅団には、T-26軽戦車46両とT-60軽戦車6両の計52両が配備されていた。

　北方部隊集団司令官はザカフカス方面軍司令官の命令を遂行するため次の決定を下した。すなわち、第11親衛狙撃兵軍団は第10親衛及び第57狙撃兵旅団に第5親衛並びに第63戦車旅団と連携行動をとらせ、フィアグドン～ズアリカーウ方面に攻撃を発起せしめ、ドイツ軍突入部隊を西方に逃すことなく殲滅する。軍団はズアリカーウ地区に到達するや否や、西方からの掩護を受けてギゼーリに進撃する。

　第15戦車旅団はギゼーリ～アラギール間の道路を遮断し、ギゼーリ地区に包囲されたドイツ軍部隊が西に撤退するのを阻止する。

　装甲列車部隊は第3狙撃兵軍団と連携して、テーレク川右岸のシナーエヴォ～ベスラン戦区を防衛する。

　第10親衛狙撃兵軍団は第4親衛狙撃兵旅団と第2及び第52戦車旅団を使ってノギール地区からギゼーリ方面に進撃し、第11親衛狙撃兵軍団とともに第5親衛及び第63戦車旅団の支援の下、ギゼーリ地区のドイツ軍部隊を壊滅させる。第10親衛狙撃兵軍団の主力はギゼーリへの攻勢拡大の用意を整える。

　このように、北方部隊集団司令官の決定によると、ソ連軍の反撃は3個狙撃兵旅団と4個戦車旅団（第5親衛、第2、第52、第63）の兵力でもって実施し、この時点でウラジカフカス（オルジョニキーゼ）方面で行動していた部隊（第275、第319、第276、第351、NKVDオルジョニキーゼ師団の5個狙撃兵師団、第5親衛、第6親衛、第7親衛、第34、第62、第155の6個狙撃兵旅団、第15戦車旅団、第132、第488、第560独立戦車大隊）の主力は防御戦を展開する

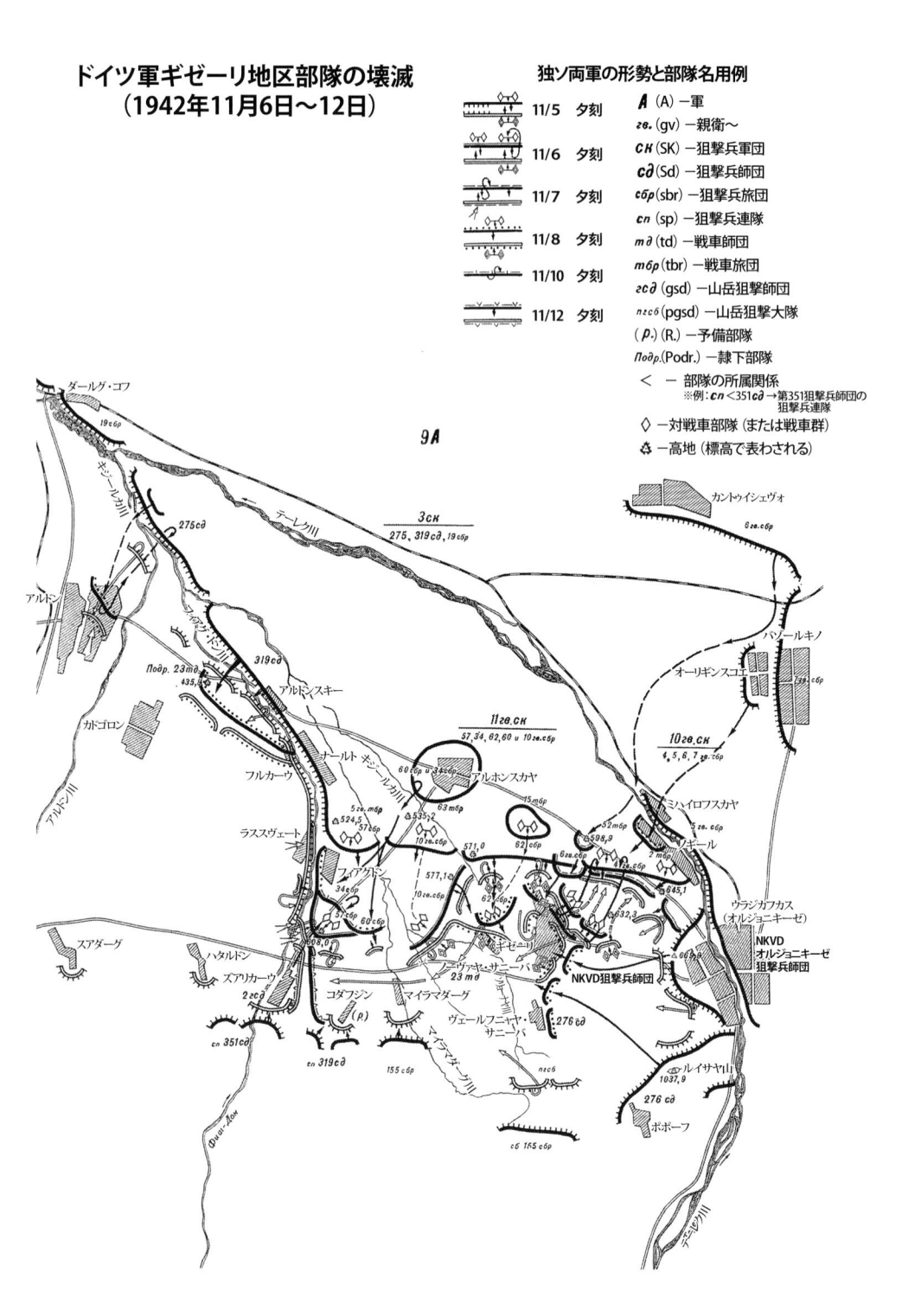

ドイツ軍ギゼーリ地区部隊の壊滅
（1942年11月6日～12日）

よう想定されていたことになる。これらほとんどの狙撃兵旅団は敵に直接対峙しておらず、ただ第319及び第351狙撃兵師団の前方には小規模なドイツ軍部隊が行動していただけであった。

　この決定は、北方部隊集団司令部の慎重な姿勢とグローズヌイ方面に対する危惧、そしてこれを深い縦深防御態勢で守ろうとする意思を反映している。しかし、すでに形勢はソ連軍に有利となり、ドイツ軍によるさらなる突破の脅威は消え失せていた。ギゼーリ地区に閉じ込められたドイツ軍部隊に対する大兵力による決定的かつ大胆な攻撃を発起する条件はここにすべて整ったのである。

　反撃を担当するソ連軍部隊は榴弾砲連隊4個と対戦車砲連隊7個、親衛迫撃砲連隊（ロケット砲「カチューシャ」）3個で強化された。反撃開始時点の第10及び第11両親衛狙撃兵軍団は394門の火砲（口径45㎜以上）と82㎜及び120㎜迫撃砲を911門保有し、前線1kmにつき砲及び迫撃砲86門の砲兵密度を達成することができた。第10親衛、第11親衛狙撃兵軍団部隊の砲兵支援は、全砲兵部隊の射撃をギゼーリ地区に集中させるよう計画された。

　ドイツ軍ギゼーリ部隊の戦車対策としては、305門の対戦車砲が用意され、そのうち45㎜砲は144門、76㎜砲は161門を数えた。これは、敵戦車による攻撃の恐れが高い方面の対戦車砲火力の密度を十分なものとし、一部の砲を対戦車戦予備兵力として控置しておくことを可能にした。

　11月6日の朝、第11親衛狙撃兵軍団は狙撃兵旅団2個（第10親衛及び第57）と戦車旅団2個（第5親衛及び第63）を用いてフィアグドン地区からフィアグ・ドン川東岸沿いにズアリカーウに向けた攻撃を発起した。この軍団の第2梯団としては、アルホンスカヤ地区に第4及び第60狙撃兵旅団と第15戦車旅団が配置されていた。

　第63戦車旅団は11月6日0200時には反撃のための出撃地点にいた。旅団の戦闘隊形は2個梯団に分けられ、第1梯団の第1戦車大隊は570.3高地の線に到達するや否やマイラマダーグ方面の敵を攻撃し、その後は防御に転じてこの線を固守し、ノーヴァヤ・サニーバ方面で予想される敵の反撃を撃退する任務を負っていた。

　第2戦車大隊は第2梯団として第1戦車大隊の後に付いて進撃し、狙撃兵部隊の前進の障害となるドイツ軍の将兵と火点を殲滅していくことになっていた。自動車化狙撃兵大隊と対戦車中隊は両翼の掩護を担当した。

　1942年11月6日0800時、予定より1時間遅れて第63戦車旅団は攻勢に移り、戦闘隊形のさらに前方には1個戦車小隊からなる戦車偵察隊を進ませていた。0905時には各隷下大隊が指示された線に到達し、1000時までにそこに防御陣地を固め、前線正面を南東に向けて防御戦闘に転じた。

78

78：進撃開始直前のソ連第2戦車旅団。ザカフカス方面軍ギゼーリ地区、1942年11月。（RGAKFD）
付記：T-34は新型砲塔を装備した1942年型である。車体後部に箱型増加燃料タンクが取り付けられている。右側の兵士はPPSh-41を構えている。

　しかし、戦車群の後を進んでいた第10親衛狙撃兵旅団の歩兵はドイツ軍機の空襲を受けて遅れをとり、その結果、第63戦車旅団が予定の防衛線に到着したときは歩兵の掩護が消えてなくなっていた。戦車の進撃に随伴し、防御戦闘に加わるべき第18対戦車砲連隊も戦闘に参加できず、ようやく1530時以降になって第63戦車旅団の行動地区に辿り着き始めるというありさまだった。

　ドイツ軍は西方への脱出を試みて、第63戦車旅団の防御陣地を戦車兵力でもって反撃に出てこれを突破し、ソ連戦車旅団を二分した。T-34中戦車9両とT-70軽戦車2両からなる第1戦車大隊は旅団と分断され、第34狙撃兵旅団部隊と第10親衛狙撃兵旅団1個大隊と合流し、ポルチャーニノフ上級政治委員の指揮の下でマイラマダーグの北東端に防御を固めた。

　第15戦車旅団は1942年11月6日0700時に第11親衛狙撃兵軍団司令官から、即刻攻撃に転じてギゼーリ〜アラギール間を分断し、敵の西方への退却を阻止せよ、との口頭命令を受領した。しかし、第15戦車旅団が1個戦車大隊を第62狙撃兵旅団とともに攻撃に移らせたのは、それから2時間も経った0900時になってからのことであった。これらの部隊は夕暮れまでにノーヴァヤ・サニーバの北西2kmの地点にある堤防まで進み、そこで防御に転じた。

　第5親衛戦車旅団は11月6日の0700時に、第11親衛狙撃兵軍団

第57狙撃兵旅団と連携して608.0高地～ズアリカーウ方面で攻撃に移り、ズアリカーウ～ギゼーリ街道に進出した後に防御に転じ、ドイツ軍部隊からアラギールに後退する可能性を奪うよう命じられた。しかしこの旅団もやはり、1時間遅れの0800時になってようやく腰を上げたが、進撃はドイツ軍の絶え間ない反撃に遭って遅々としか進まなかった。1800時になって第5親衛戦車旅団はバールカ（608.0高地の南）に辿り着いたが、そこでは地面に埋設されたドイツ戦車の大規模な照準射撃の的となり、前進を停めた。この線での戦闘で同旅団はドイツ戦車3両を破壊したが、自らは6両の戦車を失った。

第10親衛狙撃兵軍団は正午になって、第4親衛狙撃兵旅団に第52及び第2戦車旅団を付けて、ノギール地区から南西方向のギゼーリに向けた攻撃に出発させた。また、第4親衛狙撃兵旅団の攻勢拡大のために第6親衛狙撃兵旅団が待機していた。

第52及び第2戦車旅団からなる戦車集団は第207戦車旅団と第75及び第266独立戦車大隊の兵器で補充され、第4親衛狙撃兵旅団とともに行動することになっていたところ、11月6日0700時ギゼーリを攻撃し、現地ドイツ軍部隊を殲滅せよ、との命令を受領した。しかし、戦車集団が攻撃に移ることができたのは1400時になってからで、1700時にようやくギゼーリの北端に到着すると、そこでドイツ軍の大量の火砲と埋設戦車が密集した強力な抵抗拠点に直面した。敵の迫撃砲と機関銃の猛射の中でソ連軍歩兵は友軍戦車に遅れをとり、その結果、ソ連戦車集団はドイツ軍の対戦車砲と火砲の集中砲火を浴び、人員と兵器に大きな損害を出しながらノギール方面に撤退する羽目となった。

第10親衛狙撃兵軍団は1630時までにギゼーリの北東端に進出したが、果たして40両のドイツ戦車群の反撃に遭遇し、出撃地点に引き下がった。

11月6日の1日間だけでソ連軍戦車部隊は多数の戦車を失った。32両が撃破され、さらに29両が焼失した（このうち中戦車が34両、軽戦車が27両）。

1942年11月6日の赤軍戦車部隊の損害

戦車旅団	撃破	焼失
第2戦車旅団	3	6
第52戦車旅団	4	3
第5親衛戦車旅団	5	3
第15戦車旅団	9	5
第63戦車旅団	11	12

ただし、第10親衛狙撃兵軍団の失敗があったとはいえ、第11親衛狙撃兵軍団が快進撃を遂げた結果、ギゼーリ地区で防戦を続けて

79：ナーリチクに無傷のまま遺棄されていたドイツ軍の装甲車Sd.Kfz.231。1942年11月。(ASKM)

　いたドイツ軍部隊はほぼ包囲された状態に陥った。ドイツ軍にはマイラマダーグ～ズアリカーウ地区に幅3kmほどの細い回廊が残されただけとなった。この回廊を拡大し、ギゼーリ部隊を脱出させるため、ドイツ軍はギゼーリ北郊、ノーヴァヤ・サニーバ、マイラマダーグ、ズアリカーウの各地区で頻繁な反撃を繰り返しだした。

　ソ連第9軍部隊は11月7日は終日、これまで確保した線でドイツ軍の猛烈な反撃に応じなければならなかった。戦況はこの地区にあった第9軍の全兵力による攻撃を要求していた。第351狙撃兵師団はアラギールを南から攻める活動を活発化させ、ギゼーリからアラギールにつながる唯一の道路を奪取し、ギゼーリの袋小路からドイツ軍部隊が西に脱出する可能性を奪う必要があった。

　ソ連第9軍部隊は11月8日の朝、ドイツ軍ギゼーリ部隊を完全に包囲殲滅すべく戦闘を再開した。そして、この日の夕方までにソ連軍部隊は次の地区を制圧した。

　第275狙撃兵師団はアルドンへの進撃に移ったところで、ドイツ軍の強力な抵抗と反撃に迎えられた。一旦アルドンまでは足を踏み入れたものの、出撃陣地への撤退を余儀なくされた。他方、第319狙撃兵師団はその右翼部隊が若干の前進を見せ、夕方には435.9高地～フルカーウの線で戦闘を展開した。

　第15戦車旅団は第62狙撃兵旅団とともに11月7、8日の両日、ノーヴァヤ・サニーバの北端とギゼーリの北端で激戦を続けていた。だが、歩兵と戦車の連携行動がうまく組織されていなかった。ノー

ヴァヤ・サニーバ方面の攻撃の際、ソ連戦車群は走ってきたそのままに急勾配の川岸を乗り越えることができなかったが、協同行動をとっているはずの歩兵は友軍戦車に何の手助けも行わなかった。第15戦車旅団長が第62狙撃兵旅団長に援助を求めたところ、後者は川を越えられない戦車など戦車として認められるものか、と突き放した。

　1942年11月8日、ソ連北方部隊集団機甲本部の指令により第15戦車旅団は第9軍予備に移された。ギゼーリ～ノーヴァヤ・サニーバ地区の戦闘で第15戦車旅団はドイツ軍の貨物自動車5台、乗用自動車7台、特殊自動車2台、オートバイ10台、移動調理車3台を鹵獲した。

　第5親衛戦車旅団は11月7日から10日の間、獲得した線に防御を固めて、ドイツ軍の戦車と歩兵を相手に陣地戦を演じた。この結果、ソ連戦車旅団はドイツ戦車6両を破壊した。同時に、Mk.Ⅲヴァレンタイン戦車4両、M3軽戦車1両を失ったが、戦闘の後に第5親衛戦車旅団は撃破された戦車を自ら修理した。

　第63戦車旅団は反撃作戦の最初の数日間に多数の戦車を失いながらも、与えられた任務を遂行すべく戦闘を継続していた。

　11月8日から9日にかけての夜半、T-34中戦車4両とT-70軽戦車1両で増強され、さらに第1255対戦車砲連隊を付与された第63戦車旅団自動車化狙撃兵大隊は、戦闘偵察を実行して、さらに状況が許

80：ナーリチクの南東で撃破されたⅡ号戦車。ザカフカス方面軍地区、1942年11月。（ASKM）
付記：Ⅱ号戦車はマフラーの形状からc～C型であることがわかる。遠方の車体はⅢ号戦車である。

81

せばポルチャーニノフ集団と合流し、ドイツ軍部隊の西方への退路を遮断すべし、との命令を受領した。しかし、攻撃は部分的には成功したものの、敵を完全包囲するには至らなかった。

　第63戦車旅団は到達した線（573高地）に布陣し、ドイツ軍が包囲された友軍部隊をギゼーリからアラギールに脱出させる回廊を拡大しようと圧力を加えてくるのを抑えていた。第10親衛狙撃兵軍団は第6及び第4親衛狙撃兵旅団、第2及び第52戦車旅団とともにギゼーリの北部と北東部での戦闘を繰り広げ、第2梯団として第7親衛狙撃兵旅団をノギール地区に待機させていた。ソ連戦車集団（第2及び第52戦車旅団）は11月7日から8日にかけてギゼーリ制圧と現地ドイツ軍部隊殲滅の任務に携わっていた。

　ドイツ軍のこの地区での防衛戦では、戦車を地面に埋設して一種の永久トーチカとして使用する戦法が採用されていた。埋設戦車は3〜8両単位で配置されており（ウラジカフカス地区には計35〜40両が7カ所に分散配置されていた）、各戦車トーチカ群には15〜20名の歩兵が自動火器も備えて守りに就き、さらに後方からは火砲と迫撃砲の支援を受けていた。

　1942年11月7日の夜が明けると、T-34中戦車1両とT-70軽戦車4両の第2戦車旅団残存部隊がノギール地区の北に集結した。第4親衛狙撃兵旅団と連携して再度ギゼーリ方面を攻撃せよとのソ連統合戦車集団司令官V・フィリッポフ中佐（カフカス戦の間に少佐から

81：ナーリチクで破壊されたIV号戦車F2型。北カフカス地方、1942年11月。（ASKM）
付記：シングルバッフルのマズルブレーキが特徴的だ。これはF2型の特徴と言いたいところだが、そういうわけではなく一部に取り付けられていたのに過ぎない。

82：ナーリチクで撃破されたIV号戦車F2型。北カフカス地方、1942年11月。（ASKM）
付記：両側にIV号戦車F2型、中央にはII号戦車F型が見える。

昇進）の戦闘命令を受領して、1130時に第2戦車旅団は攻撃に転じた。

そして1530時にはギゼーリ北部に到達したものの、第2戦車旅団は再び歩兵と支援砲兵を欠いた状態に陥り、出撃地点にやむなく撤退した。

11月8日、第2及び第52戦車旅団はギゼーリに対する三度目の攻撃を開始した。ソ連戦車兵は事前偵察を行う時間がなく、歩兵の偵察はドイツ軍の防御態勢を把握するどころか、むしろ逆に、敵は防御拠点を持っていないという結論を出した。ソ連戦車部隊は再びドイツ軍陣地の攻撃に向かったが、反撃を受けてT-34中戦車8両と外国製戦車5両を焼失する結果に終わった。ドイツ軍も大傷を負っているにもかかわらず、これらソ連戦車旅団はギゼーリ制圧を実現できず、人員と兵器に大きな損害を出しながら、出撃陣地に引き返して行った。

第351狙撃兵師団部隊は11月8日の朝からズアリカーウ、アラギール、コラー・ウルスドンの各方面で攻撃を発起したが、これもまた失敗に終わり、アラギール攻略の任務を果たすことができなかった。この失敗は、北方部隊集団司令官の指示を実行しなかったことがその直接の原因である。北方部隊集団司令官とザカフカス方面軍司令部が積極的な行動を厳命していたにもかかわらず、第351狙撃

兵師団司令官は主任務をマミソンスキー峠の防衛と理解し、進撃には小規模な部隊を割くに留まった。進撃部隊はドイツ軍の比較的小さな防御陣地に直面したが、それを突破することもできなかった。その結果、ドイツ軍はギゼーリ〜ズアリカーウ〜アラギールとつながる街道沿いに走る幅3kmの回廊を確保し、夜間にギゼーリの袋小路から部隊を脱出させ続けた。ソ連軍の攻撃を撃退するためにドイツ軍は回廊の両側に防御拠点を構築した。各防御拠点は3〜5両の戦車と対戦車砲2〜3門、自動火器を装備した少数の歩兵部隊から編成された。ドイツ軍は掩護部隊の粘り強い抵抗と反撃によってギゼーリの友軍部隊主力の西方脱出を確実なものにしようと努めた。

　11月9、10日の両日、ソ連第9軍左翼部隊は、ギゼーリ〜ノーヴァヤ・サニーバ地区から北西方向への突破を敢行しようとしたドイツ軍部隊の抵抗と猛烈な反撃を撥ね退けつつ、激戦を展開して敵の人員と兵器を殲滅しようとした。ドイツ軍部隊は全滅の事態を避けるため、11月11日深夜未明にやむなくギゼーリを放棄し、兵器も遺棄してズアリカーウ方向に脱出を急いだ。

　ドイツ軍部隊の両翼を挟撃して退路を遮断する上では、その唯一の退却路であるウラジカフカス〜アラギール街道のすぐ傍に位置していた第351狙撃兵師団が重要な役割を演ずることができたはずだった。しかし、このときの狙撃兵師団は優柔不断であった。北方部隊集団司令官が求めた攻勢転移とアラギール奪回の命令を迅速かつ正確に実行するどころか、無為に時間を過ごしていた。それどころか、第351狙撃兵師団司令官はザカフカス方面軍司令官に宛てた11月12日付報告書第051号の中で、第2親衛狙撃兵師団とNKVD第11狙撃兵師団を峠への進入路の防備強化のために自分の指揮下に移すことを懇請していたのである。

　11月11日の朝、ドイツ軍掩護部隊の抵抗を挫いたソ連第9軍左翼部隊はギゼーリを攻略、さらに午後にはノーヴァヤ・サニーバを占領した。そして、撤退するドイツ軍部隊を追撃しながら、11月12日にはマイラマダーグ、それからフィアグ・ドン川へと進んだ。

　1942年11月9日から12日の間、ソ連第63戦車旅団は防御戦闘を繰り広げ、ドイツ軍の戦車11両と自動車57台、装甲車12両、各種口径の砲6門を破壊し、将兵250名を掃討した。11月12日0800時、T-34中戦車4両とT-70軽戦車5両からなるこの旅団はマイラマダーグに果敢な攻撃を仕掛け、分断されていたポルチャーニノフ集団との合流に成功した。

　ソ連第5親衛戦車旅団はズアリカーウ制圧を目指して任務の遂行にあたっていた。11月9日から11日にかけては南方に攻勢を伸ばし、発見した敵防御拠点に対する戦車砲による狙い撃ちを繰り返した。また友軍先鋒歩兵部隊を支援すべく、その前方では3〜5両単

83：ドイツ軍がピャチゴールスクに遺棄した、フランス製ルノーUE装軌式装甲輸送車（車両番号WH4223536）。北カフカス地区、1942年12月。（ASKM）
付記：ルノーＵＥは1931年から生産された小型牽引車で、1940年フランス戦時には6,000両以上が使用されていた。多数が捕獲されドイツ軍によって警備車両、牽引車両、さらには自走砲、ロケット発射機にまで使用された。向こう側はSd.kfz.250/3軽装甲無線車である。

位で偵察を行って敵の防御態勢を暴いていき、さらなる攻撃を続けていた。

第2及び第52戦車旅団からなる戦車集団は、11月9日から12日にかけてはギゼーリ集落制圧と現地ドイツ軍部隊殲滅というこれまでの任務を続行し、ドイツ軍のよく組織された対戦車抵抗拠点地区で戦闘行動を展開していた。ドイツ軍はソ連軍部隊の猛攻下、11月10日から主力をアラギール方面に撤退させ始め、人員と兵器の退却を砲兵射撃によって掩護しようとした。ソ連第2及び第52戦車旅団は何度かの攻撃の後、第6狙撃兵旅団と連携し、歩兵にドイツ軍防御拠点を迂回させ、11月11日正午にギゼーリを占領し、2200時には自動小銃兵と歩兵を戦車に乗せてノーヴァヤ・サニーバを強襲させ、この集落も制圧した。

ナーリチク防衛作戦でソ連北方部隊集団はドイツ第1戦車軍第3戦車軍団とシュタインバウアー集団に大きな損害を与えた。ギゼーリ地区で最も兵力を消耗したのはドイツ第13及び第23戦車師団であった。これらの戦車部隊を壊滅させたソ連軍部隊は、（損壊）戦車140両、装甲車7両、火砲70門、迫撃砲95門、オートバイ183台、自動車（大半は損壊）2,350台、各種多数の軍需物資を捕獲した。戦場にはギゼーリ地区だけでも約5,000名のドイツ軍将兵の遺体が置き去りにされていた。

ザカフカス方面軍戦車兵力の使用効果について言えば、ナーリチク防衛作戦でドイツ軍部隊が敗北したとはいえ、戦車の損害は独ソ両軍ともほぼ同程度であった。これは、ドイツ軍の戦術訓練度と比べてソ連軍の戦車並びに歩兵指揮官層のレベルが低かったことに起因している。また、砲兵及び航空部隊との連携、偵察、通信連絡の組織も脆かった。ただし、ソ連戦車兵の間には次第に戦車エースが増えていったのも事実であり（たとえば、第63戦車旅団のコザドーエフ中尉のT-34中戦車は数日間に戦車7両と自動車18台を、またポルチャーニノフ上級政治委員の乗車は戦車9両と砲10門、自動車21台を破壊した）、この作戦で陣地戦と機動戦を展開したソ連戦車旅団はドイツ軍に甚大な損害をもたらし、北カフカスからドイツ軍を完全に追放する条件を生み出したのである。

84：ナーリチクの南東に遺棄されていたドイツ第13戦車師団所属のIII号戦車F型。1942年11月。（ASKM）
付記：外装式防盾で5cm砲を装備し、新型起動輪が取り付けられて履帯幅は400mmに変更されているので、F型後期生産型である。ただしこれらは後に改修されたものである可能性もある。被弾したのか砲塔側面のクラッペが脱落している。

1942年11月～12月の北方部隊集団の反撃
КОНТРУДАРЫ ВОЙСК СЕВЕРНОЙ ГРУППЫ В НОЯБРЕ-ДЕКАБРЕ 1942 г.

　ナーリチク防衛作戦でドイツ軍が敗れ、その突撃部隊がギゼーリ地区で壊滅した今、ソ連北方部隊集団に対峙していたドイツ第1戦車軍は前線全域にわたって守勢に転じた。

　11月13日から23日にかけて、北方部隊集団の左翼で行動していたソ連第9軍部隊はナーリチク方面でドイツ軍に対する反撃を実施した。また、北方部隊集団は11月27日から12月25日の間、左右両翼の兵力を同時に使って数々の反撃を繰り返した。右翼では第44軍と第4及び第5親衛コサック騎兵軍団がモズドーク方面を攻め、左翼では第9軍がナーリチク方面で戦っていた。12月に入ると、この反撃攻勢にソ連第58及び第37軍も加わった。

85：ソ連軍将兵が捕獲したドイツ第13戦車師団所属IV号戦車F1型を調べている。北カフカス地方、1943年初頭。（ASKM）

86

87

86：撤退時に遺棄されたドイツ第13戦車師団のⅣ号戦車F1型。北カフカス地方、1943年初頭。(ASKM)
付記：F1型は7.5cm短砲身砲を装備した最後の型で、途中で長砲身7.5cm砲を装備したF2型に切り替えられた。1941年4月から1942年3月までに462両が生産されたが、そのうちの25両は部隊配備される前にF2型に改装されている。

87：退却時に遺棄されたⅣ号戦車D型。北カフカス地方、1943年初頭。(ASKM)
付記：Ⅳ号戦車D型は、1939年10月から1941年5月までに229両が生産された。向こうはⅣ号戦車F1型である。

88：鹵獲されたドイツⅣ号戦車F1型を調べる赤軍将校。北カフカス地方、1943年初頭。(ASKM)

89

90

89-93：ドイツ国防軍第13戦車師団所属の撃破されたⅣ号戦車F2型。北カフカス地方、1943年初頭。（ASKM）

付記：砲身に命中弾を受けたようで、えぐられたようになっている様子が興味深い。ロープ、シャックルが起動輪に取り付けられているのに注目。これにより外れた履帯を引っ張って戻そうとしているようだ。

91

92

93

94：ソ連兵が戦利ドイツIV号戦車F1型を修理している。部隊章からして、ドイツ国防軍第13戦車師団に所属していた。北カフカス地方、1943年初頭。（ASKM）

95：ドイツ軍の輸送列車無蓋車両の上で鹵獲された装甲輸送車Sd.Kfz.247B。北カフカス地方、1943年1月。（ASKM）
付記：4×4重統制型不整地乗用車の車台を使用して装甲車体を搭載した装甲車で、指揮官用の装甲司令車として使用された。1941年7月から1942年1月までに58両が生産されただけの非常に珍しい車体である。

ソ連第9軍ナーリチク方面の反撃

КОНТРУДАР ВОЙСК 9-й АРМИИ НА НАЛЬЧИКСКОМ НАПРАВЛЕНИИ (13–23 ноября)

　ウラジカフカス（オルジョニキーゼ）地区のドイツ軍部隊が壊滅したあと、ソ連北方部隊集団司令官は、間髪を入れずに第9軍突撃集団による攻勢を続行し、アルドン〜ジゴーラ〜ドゥル・ドゥル方面を攻め、ドイツ軍のアルドン〜アラギール部隊を殲滅、ウルーフ川沿いの防御線を回復させる決定を下した。

　この攻撃は、ウラジカフカス方面で行動していた諸部隊を使って行われた。しかし、これらウラジカフカス方面部隊は今までの戦闘で弱体化しており、ドイツ軍部隊に対する必要な兵力の優勢を確保できていなかった。ソ連第3狙撃兵軍団はアルドンへ進撃する任務を負っていたが、傘下の第275及び第319狙撃兵師団の将兵は総勢約8,000名であった。カドゴロンに攻撃を発起した第10及び第11親衛狙撃兵軍団の兵員は非常に少なかった。両軍団の兵力を合わせても、人員は約1万3,000名、迫撃砲286門（うち50mm迫撃砲137門）、口径76mm以上の火砲50門、対戦車砲59門に過ぎなかった。攻撃発起時点のソ連軍進撃部隊には戦車旅団5個（第5親衛、第2、第15、第52、第63）が含まれていた。これら戦車旅団も過去の戦闘で損害を出しており、保有戦車の合計は80両で、そのうちT-34中戦車は8両しかなかった。

　ウラジカフカス方面でソ連第9軍に対峙していたドイツ軍は第23

96：部隊再編成作業中のドイツ第3戦車師団。北カフカス地方、1942年10月。（ASKM）
付記：手前はII号戦車F型、中央はIII号戦車だが形式不詳。

96

97：ドイツ第3戦車師団の指揮装甲輸送車Sd.Kfz. 250/3。北カフカス地方、1942年11月。（RGAKFD）
付記：Sd.kfz.250/3は、師団司令部との連絡用のFu8無線機用のフレームアンテナを装備している。向こう側はSd.kfz.251/1中型装甲兵員車。後部の機関銃架にも防盾が取り付けられているように見える。

及び第13戦車師団を持っており、両師団はこのときまでに兵器と人員の補充を済ませていた。第23戦車師団には154両、第13師団には106両の戦車がそれぞれ配備されていた。その他、11月15日にドイツ軍司令部は航空機と自動車によってタマーニ半島から第50歩兵師団を輸送し、マルゴベーク地区にいたSS「ヴィーキング」自動車化歩兵師団と交代させ、約60両の戦車を保有していたSS「ヴィーキング」師団はソ連第9軍左翼部隊がいるフィアグ・ドン川の線に移動させた。このように、戦車兵力に関してはドイツ軍の方がほぼ3倍も優勢だったのである。

　ソ連第5親衛及び第63戦車旅団は第11親衛狙撃兵軍団司令部の命令で第5親衛戦車旅団長の指揮下の戦車集団として統合され、1942年11月12日から13日にかけての夜半に504.0高地付近に集結した。その任務は、第34狙撃兵旅団と協同でドイツ軍部隊をラスヴェート戦区で釘付けにし、524.5高地～ハタルドン方面へ攻撃を発起して540.8高地を占領し、さらに進撃の足をハタルドンに伸ばしてズアリカーウ地区のドイツ軍部隊を西へ撤退できないように分断する、というものであった。しかし、第63戦車旅団の保有戦車はわずか9両（T-34中戦車4両、T-70軽戦車5両）、第5親衛戦車旅団のそれは35両（Mk.Ⅲヴァレンタイン戦車20両、M3軽戦車15両）に過ぎなかった。

　歩兵との連携もうまく組織されていなかった。戦車の進路は十分に偵察されておらず、戦車と歩兵の相互認識信号は大隊・中隊レベルでは欠如していた。このため、ソ連戦車旅団は「道に迷って」、「他

所の」第62狙撃兵旅団戦区に飛び出すありさまだった。そのようなわけでソ連戦車集団の進撃開始時間は先延ばしとなった。

　ようやく1942年11月13日の1300時になって、ソ連戦車集団は第34狙撃兵旅団とともに攻勢に移ることができた。1700時までソ連戦車部隊は停車位置から、ドイツ軍の埋設戦車に対して猛烈な射撃を続けた。1700時にドイツ軍は20両の戦車に自動火器も備えた歩兵部隊の支援を付けて反撃を試みたが、第63戦車旅団のT-34中戦車群の射撃で撃退された。この戦闘ではドイツ軍は2両、ソ連軍は1両の戦車を失った。

　1942年11月14日から15日にかけてソ連戦車集団は540.8高地の制圧に成功したが、ドイツ軍の砲と迫撃砲の猛射を浴びて、さらなる前進は阻まれた。2日間の戦闘で第63戦車旅団はT-34中戦車4両とT-70軽戦車1両を失ったが、すべて回収し、自力で修理した。第5親衛戦車旅団に損害はなかった。

　1942年11月12日現在で11両の戦車（T-60軽戦車9両、戦利Ⅲ号戦車2両）を保有していた第52戦車旅団は、第5親衛狙撃兵旅団及び第418対戦車砲連隊とともにハイ・ドン川西岸制圧の命令を受領した。翌13日の戦闘でドイツ軍は防御陣地を突破され、8両に上る戦車が破壊され（うち3両は焼失）、1個中隊規模の歩兵は壊走した。ソ連第52戦車旅団の方はこの1日でT-34中戦車3両の損害を出したが、同日中に旅団の保有装備によって戦場から回収、修理された。

98：ナーリチクでドイツ軍が遺棄した装甲輸送車Sd.Kfz. 250/1。北カフカス地方、1942年11月。（ASKM）
付記：Sd.kfz.250/1小型装甲兵員車。乗員6名で歩兵半個分隊の輸送を任務とする。武装には7.92mm機関銃2挺を装備する。

98

第52戦車旅団はさらに11月14日から19日にかけて局地的な攻勢並びに守勢戦闘を継続し、敵戦車11両（Ⅳ号戦車F2型2両を含む）を破壊しつつ、自らは損害を出さなかった。
　第2及び第15戦車旅団（第2旅団はT-34中戦車4両とT-70軽戦車5両の計9両、第15旅団はMk.Ⅲヴァレンタイン戦車15両とM3軽戦車8両、M3中戦車1両の計25両を保有）は、兵器の修理と補充が行われていたため、戦闘に積極的には加わらなかった。
　ソ連軍進撃部隊はドイツ軍の粘り強い抵抗に遭って、10日間（11月13日～23日）にもわたってギゼーリ・ドン、フィアグ・ドン、ハイ・ドン、アルドンといった河川の間で一進一退を続けた。ドイツ軍の防御を完全には突破できなかったソ連第9軍左翼部隊は、11月22日の時点で敵陣に縦深5～9kmの楔を打ち込み、フィアグ・ドン川東岸とアルドン川に進出し、これら2本の川の西岸にある381.7高地、アルドン川河口、ハイ・ドン川河口、435.9高地、451.1高地、ラススヴェート郊外の各地区の橋頭堡を手中に収めた。そして11月23日、第9軍左翼部隊は到達した線に防御を固めた。
　このように、第9軍の前進距離はたいしたものではなかった。ドイツ軍は頑強な抵抗を示し、ときに反撃に移りながら、ソ連軍部隊の進撃をエリホートヴォ～アルドン～カドゴロン～ラススヴェート～ズアリカーウの線に食い止めていた。

1942年11月2日～11日のギゼーリ攻防戦における独ソ戦車部隊の損害

月日	ドイツ軍の損害			ソ連軍の損害					
	13TD	23TD	計	2tbr	5gv.tbr	15tbr	52tbr	63tbr	計
11/2	27	12	39	23	—	—	13	—	36
11/3	5	—	5	—	—	8	7	—	15
11/4	—	5	5	—	3	—	—	—	3
11/5	6	—	6	—	—	1	—	—	1
11/6	9	18	27	8	2	—	5	—	15
11/7	2	—	2	—	3	—	—	19	22
11/8	10	—	10	—	5	6	—	—	11
11/9	—	1	1	—	7	—	—	—	7
11/10	—	—	—	—	4	—	—	—	4
11/11	—	21	21	—	—	—	—	—	—
計	59	57	116	31	24	15	25	19	114

モズドーク、ナーリチク各方面の北方部隊集団の反攻（1942年11月27日～12月25日）
КОНТРУДАРЫ ВОЙСК СЕВЕРНОЙ ГРУППЫ НА МОЗДОКСКОМ И НАЛЬЧИКСКОМ НАПРАВЛЕНИЯХ (27 ноября–25 декабря 1942 г.)

　1942年11月27日から12月25日にかけてザカフカス方面軍北方部隊集団はモズドークとナーリチクの両方面で反攻作戦を実施した。その目的は、ドイツ第1戦車軍を壊滅させ、ドイツ軍司令部がスターリングラード郊外に包囲された部隊へ大規模な救援兵力を送り込むチャンスを奪い、テーレク川とウルーフ川のソ連軍部隊の形勢を回復させることにあった。

　ドイツ軍スターリングラード部隊殲滅作戦の準備を進めていたスターリングラード方面軍、ドン方面軍、南西方面軍との行動調整に関する指示を受領するため、11月15日にザカフカス方面軍司令官と同方面軍北方部隊集団司令官がソ連軍最高総司令部（スタフカ）に出頭した。

　ザカフカス方面軍司令官は最高総司令部の承認を求めて、北方部隊集団の1942年11月～12月期の行動計画を提出した。その計画によると、北方部隊集団はグローズヌイ、ウラジカフカス（オルジョニキーゼ）に向かう主要方面を堅固に守りつつ、両翼部隊をもってドイツ軍のモズドーク並びにアラギール部隊を殲滅すべく攻撃を発起することになっていた。

　ソ連第223及び第320狙撃兵師団は第44軍から第58軍の編制に移され、それまで守っていたテーレク川右岸のビリューチェク～ニージニー・ナウール地区の戦区を継続して担当した。同時に、この地区をさらに強化するために第58軍第271狙撃兵師団がスラーク川の線から差遣された。こうして、第58軍はスラーク川の線にザカフカス方面軍予備から回されてきたばかりの第77狙撃兵師団を残し、第223、第271、第320狙撃兵師団の兵力をビリューチェクからニージニー・ナウールに至るテーレク川右岸に展開させた。

　第416狙撃兵師団は第58軍から第44軍に転属となった。11月25日の時点でこの師団はテーレク川左岸のスタロ・ブハーロフ～カプースチンの地区に集結し、第44軍右翼を支援していた。さらに、第44軍には第2戦車旅団も与えられていた。

　第2戦車旅団はT-60軽戦車7両を受領し、すでに保有しているT-34中戦車4両、及びT-70軽戦車5両と併せて計16両の戦車が配備されていた。第2戦車旅団を強化するため、第44軍司令官は第249独立戦車大隊（M3軽戦車30両）と第488独立戦車大隊（T-34中戦車2両、T-50戦車18両）を臨時に戦車旅団の指揮下に置いた。

　第44軍第389狙撃兵師団はザマンクル地区に第9軍第3狙撃兵軍団の編制に送り込まれた。この軍団にはまた、第140及び第52戦

99：KV-1重戦車の修理作業に携わっている乗員。戦車帽の通常とは違う（航空部隊タイプの）イヤフォンが注目される。ザカフカス方面軍地区、1942年10月。(ASKM)

100

車旅団も与えられた。第140戦車旅団は補充を受けた後1942年11月23日に前線に到着し、その時点でMk.Ⅲヴァレンタイン戦車24両とM3軽戦車16両の計40両の戦車を保有していた。

　第9軍の第10、第11両親衛狙撃兵軍団はこのときまでに、隷下狙撃兵旅団の補充用にNKVD混成狙撃兵連隊5個の人員を受領した。また、第10親衛狙撃兵軍団には第15及び第207戦車旅団が、第11親衛狙撃兵軍団には第5親衛及び第63戦車旅団が与えられた。

　1942年11月4日にすでに前線に到着していた第207戦車旅団は大隊単位で行動していた（第561及び第562独立戦車大隊に分けられていた）。第561独立戦車大隊は第5親衛戦車旅団と協同で戦闘活動を展開し、第562独立戦車旅団は第60狙撃兵旅団と連携してカントウイシェヴォ～バゾールキノの線を防衛することになっていた。1942年12月1日現在の第207戦車旅団の兵器は、T-26軽戦車46両、T-60軽戦車6両の計52両である。

　11月15日までに、第11及び第12両親衛騎兵師団もザカフカス方面軍黒海部隊集団から北方部隊集団の編制に駆けつけた。これら騎兵師団はキズリャール～ノヴォ・クレスチヤンスキー～カルガーリンスカヤの地区に配置された。11月20日から24日の間にスターフカ訓令第1770692号に基づいて両親衛騎兵師団とさらに第63騎兵師団とからなる騎兵軍団が新設され、「第5親衛ドン・コサック騎兵軍団」と命名された。軍団司令官にはセリヴァーノフ少将が任命

100：P・タラカーノフ上級中尉が指揮する対戦車駆逐中隊が45mm対戦車砲1937年型でドイツ戦車を射撃している。この写真撮影が行われる前の戦闘で、同中隊はドイツ軍の戦車と装甲車計5両を破壊した。ザカフカス方面軍地区、1942年10月。（ASKM）

付記：45mm対戦車砲は、ソ連もライセンス生産したドイツ軍の37mm対戦車砲の拡大版であり、デザインがうりふたつなのが良くわかると思う。口径45mm、砲身長46口径2.0725m、戦闘重量425kg、弾頭重量1.43kg、装甲貫徹力900mで38mm（30度傾斜した装甲板に対して）であった。

された。またこのスターフカ訓令によって、第4親衛騎兵軍団（第9及び第10両親衛騎兵師団、第30騎兵師団）には「第4親衛クバン・コサック騎兵軍団」の名称が授与された（軍団司令官はキリチェンコ中将）。

こうして、11月24日には北方部隊集団右翼に2個の騎兵軍団が登場した。その上、キズリャール地区には第110騎兵師団が補充のために待機しており、しかも前記2個騎兵軍団には所属していなかった。第4親衛クバン・コサック騎兵軍団はこの日までにテレークリ・メクテーブ地区に集結し、第5親衛ドン・コサック騎兵軍団は11月27日までにセリヴァンキン地区（テレークリ・メクテーブの南15km）に移動を済ませるよう命じられた。

第36及び第37装甲車大隊は第4親衛クバン・コサック騎兵軍団の編制下に行動し、各々T-70軽戦車7両とBA-64装甲車22両を保有

101：攻撃発起直前のKV-1重戦車。ザカフカス方面軍地区、1942年11月。（ASKM）
付記：向こう側のKV-1は、車体後部が平面のように見える。KV-1 1942年型であろう。

していた。

ソ連北方部隊集団に対峙するドイツ第1戦車軍は、戦車師団2個、歩兵師団3個、自動車化師団と山岳狙撃師団を各1個、その他各種の連隊2個と大隊16個を擁していた。

アチクラーク方面にはドイツ第1戦車軍の後方と左翼を掩護すべく、ウロジャイノエ～ウラジーミロフカ～アチクラーク～アガ・バトゥイリの線上にある各集落に抵抗拠点網が築かれた。ここでは、自動車化大隊3個、戦車大隊、騎兵連隊、砲兵大隊、突撃砲中隊、工兵大隊、航空隊各1個、その他各種小部隊からなるF特殊軍団が行動していた。

モズドーク方面のシェルストビートフ～フルスタリョーフ～イシチェールスカヤ～ガリュガーエフスカヤの線では、第3戦車師団が

砲兵連隊2個と6連装迫撃砲中隊2個の増援を受けて防御に就いていた。

マルゴベーク方面とナーリチク方面にはテーレク〜エリホートヴォ〜アルドン、カドゴロン〜ズアリカーウの線に防御陣地を構築し、さらにグンデレンに至るまで個々の抵抗拠点を連結させた。ここには第3戦車師団の一部と第111、第50、第370歩兵師団、第13戦車師団、SS「ヴィーキング」自動車化歩兵師団、ルーマニア第2山岳師団、独立歩兵連隊1個、各種大隊10個が展開した。

このように、ソ連北方部隊集団が反攻作戦を開始するまでにドイツ第1戦車軍の主力部隊はマルゴベーク及びナーリチク両方面を防護し、しかも第1線にそのすべてが配置されていた。ドイツ軍にはこの時点ですでに予備兵力はなかったのだ。

11月27日、ソ連第9軍左翼部隊は基本反攻軸に沿ってジゴーラへの攻撃を再開した。第3狙撃兵軍団は第275、第389、第319狙撃兵師団と第140、第52戦車旅団を使ってアルドン〜ジゴーラ方面に攻撃を発起し、第10親衛狙撃兵軍団は狙撃兵旅団1個と第15及び第207戦車旅団をカドゴロンに進撃させ、残る部隊にはジゴーラとチコラーに対する反攻拡大の準備にあたらせた。

第11親衛狙撃兵軍団は狙撃兵旅団2個と戦車旅団2個（第5親衛、第63）をもってノグカーウ方面に攻撃を発起し、さらに1個狙撃兵旅団をハタルドンに進めた。

この反攻作戦に加わった戦車部隊（第5、第15、第52、第63、

102：ドイツ軍によって遺棄された105mm leFH18。北カフカス地方ナーリチク市の南東、1942年11月。（ASKM）
付記：10.5cm leFH18は、第二次世界大戦中のドイツ軍の標準的軽野戦榴弾砲であった。口径10.5cm、砲身長28口径2.941m、戦闘重量2,065kg、最大射程1万675m、発射速度毎分4〜6発、弾頭重量14.81kgであった。

102

103：戦闘を無事終えたソ連第52赤旗章叙勲戦車旅団のT-60戦車乗員。ザカフカス方面軍地区、1942年12月。(ASKM)

　第140戦車旅団、それに第207戦車旅団隷下大隊、第249及び第488両独立戦車大隊）の主な損害は、作戦初日の1942年11月27日に発生した。最も多数の戦車を失ったのは第140戦車旅団で、19両が撃破され（Mk.Ⅲヴァレンタイン戦車14両、M3軽戦車5両）、14両を焼失し（Mk.Ⅲヴァレンタイン戦車6両、M3軽戦車5両）、損害は計33両に達した。この損害は、旅団司令部の無能さによるとしか言えない。戦闘地区の偵察と進撃上不可避のホスタル・ドン川渡河が極めて拙劣で、渡河方向も上陸地点も表示されていなかった。その結果、第140戦車旅団は泥濘地に上陸してしまい、足を取られているうちに敵砲兵の猛射を浴びた。それでも旅団長のペトレンコ少佐は、上陸した戦車に攻撃を命じた。しかし、この戦車攻撃は歩兵と支援砲兵を欠いていたため、その大半がドイツ軍対戦車砲の餌食となった。

　第5親衛戦車旅団と第15戦車旅団もまた大きな損害を出した。第5親衛戦車旅団は1942年11月27日に27両の戦車を失い、そのうちMk.Ⅲヴァレンタイン戦車5両とM3軽戦車7両は撃破され、さらにそれぞれ4両と6両は全焼した。この損害の原因は、戦車部隊を掩護すべき第62狙撃兵旅団砲兵隊の支援砲撃が欠けていたことにある。なんと、ドイツ軍陣地に対する砲撃は実行されなかった……。それもそのはず、砲弾がなかったのだ！

　第15戦車旅団の1942年11月27日の損害は13両で、内訳は大破5両（Mk.Ⅲヴァレンタイン戦車3両、M3軽戦車2両）、全焼8両（Mk.

Ⅲヴァレンタイン戦車2両、M3軽戦車6両)である。このケースも損害の原因は特筆ものである(とはいえ、他の戦闘でも頻繁に繰り返されたのだが)。歩兵が常に戦車から遅れをとっていたため、ドイツ軍対戦車砲部隊はソ連戦車を撃ちたい放題だったのである。しかも、トウモロコシ畑に潜んでいた第15戦車旅団増援部隊の第747対戦車砲連隊にいたっては、間違って友軍戦車に射撃を開始するありさまで、戦車旅団から連絡将校を派遣してようやくそれをやめさせることができた(幸いにも犠牲者は出なかったが)。

　1942年11月28日から30日にかけてもソ連戦車部隊の損害はどんどん増え続ける一方であった。

　ドイツ軍の頑強な抵抗に遭遇したソ連軍反攻部隊は3日間にわたって敵陣突破を試みたが、11月30日にいたってはやむなく諦めた。

　12月4日になってソ連第9軍左翼部隊は反撃攻勢を再開した。これと同時にソ連第37軍も攻撃を発起した。しかし、第9軍部隊はやはりドイツ軍の粘り強い抵抗に立ち往生し、またもや敵防衛線の突破を中止せざるを得なかった。ソ連北方部隊集団司令官はこの戦況に鑑み、第9軍部隊は12月9日に到達線の防御陣地を固めるよう命じた。さらに、第10親衛狙撃兵軍団の第4、第5、第6、第7の各親衛狙撃兵旅団を予備に回し、軍団を12月11日までにノギール〜ノーヴイ・ジェラーフ地区に集結させるようにも命じた。

　ソ連第9軍左翼部隊の失敗の主な原因は、反撃攻勢の準備がお粗末に過ぎたことにある。攻撃軸の選択が不適切で、各部隊の首尾良い活動が保障されていなかった。選ばれた攻撃方面の地形は山岳河川が幾筋も走り、狙撃兵部隊の行動を困難にし、戦車の機動性が制限された。

　このような条件下では、ソ連第9軍部隊の反撃はうまく行ってもドイツ軍部隊をその陣地からせいぜい押し出すことぐらいで、とても敵の抵抗部隊を包囲殲滅するというような決定的な成果は望めなかったであろう。

　また、反攻開始までに主攻撃方面においてドイツ軍に対する人員・兵器の十分な優勢が確保されなかった点も指摘されねばならない。それに、増援兵力と戦車部隊が主攻撃方面、補助攻撃方面の間でバランスよく配分されていなかった。たとえば、主攻撃方面にいた第3狙撃兵軍団は戦車旅団2個と支援砲兵連隊2個を保有していたのに対し、補助攻撃方面で行動していた第11親衛狙撃兵軍団にも同数の戦車旅団と支援砲兵連隊3個が配属されていたのだ。

　歩兵と砲兵、戦車、航空部隊との間の連携もうまく組織されておらず、それは各部隊が反撃準備に割くことのできる時間を大きく制限した。

　12月4日の夜明けにソ連第37軍部隊が準備砲撃なしにドイツ軍

104：ザカフカス方面軍政治部の宣伝車GAZ-AA（車体番号K-9-25-49）。左には「ソヴィエトの大地をファシズムによる冒_から清め（一部判読不可能）」、右には「祖国が命じている―西へ前進！」と書かれている。モズドーク地区、1942年12月。(ASKM)

の不意を襲って、アラギール、ツラウ、チコラー、ハズニドン、ノーヴイ・ウルーフ、トルズグン、第1レスケンに攻撃を発起した。そして、1600時までにはハズニドン、トルズグン、第1レスケンの集落を制圧し、任務の完了も時間の問題と思われた。ところが、ソ連第9軍のはかばかしくない活動はドイツ軍をしてSS「ヴィーキング」自動車化歩兵師団の一部と戦車群をアルドン方面から転進させ、第37軍のさらなる進撃を阻止することを可能ならしめた。

寡兵で武装も貧弱で物資も不足がちであった第37軍部隊は、12月9日までは兵力の優勢なドイツ軍部隊の反撃を持ち堪えていたが、その後は出撃陣地に後退して防御に転じ、1942年12月20日まで陣地戦を続けた。

スターリングラード郊外でドイツ軍が大敗を喫したことに伴い、ナチス・ドイツ軍司令部は包囲された部隊の救援を試みていた。しかし、1942年9月から12月にかけて多数の兵力を消耗したドイツ軍は、SS「ヴィーキング」自動車化歩兵師団を解放して使用するためには戦線の縮小を余儀なくされた。そして12月20日、第1戦車軍右翼部隊を新たな防衛線に後退させることを決定し、12月23日、それは後衛部隊の掩護の下にアルドン～アラギール、ジゴーラの地区からエリホートヴォ～チコラーにあらかじめ用意された防衛線へ撤退を始めた。

敵の撤退開始を確認したソ連第9軍左翼部隊と第37軍右翼部隊は

105

106

105、106：ナーリチクの南東に遺棄されたドイツ第13戦車師団のⅢ号戦車。北カフカス地方、1943年1月。(ASKM)
付記：クラッペやアンテナの破損状況とフェンダー上の木箱から、写真84と同じ車体であろう。

追撃に移った。第9軍左翼部隊はドイツ軍の脆弱な後衛部隊の抵抗を打ち砕いていき、12月26日にはアルドン、カドゴロン、ジゴーラ、ニコラーエフスカヤの集落を手中に落とした。第37軍右翼部隊はこのときまでにスアダーグ、アラギール、ツラウ、コラー・ウルスドン、カルマン・シンジカーウ、ドゥル・ドゥル、スールフ・ジゴーラの各集落を占領した。しかし12月27日、第9軍及び第37軍のその後の前進は、エリホートヴォ〜チコラーの線で防御を整えたドイツ軍部隊に阻まれた。

このように、ソ連北方部隊集団左翼部隊が1942年11月後半から12月にかけてナーリチク方面で実施した反撃攻勢は、決定的な成果をもたらすことはできなかった。第9軍と第37軍はドイツ軍部隊に大きな損害を与え、新たな防衛線への撤退を強いたものの、敵のアルドン部隊とアラギール部隊を壊滅させ、ウルーフ川沿いのソ連軍の防衛態勢を回復させるという課題を完遂するには至らなかった。ドイツ軍は新しい防衛線に後退しながら、ソ連北方部隊集団左翼部隊のその後の前進を食い止めた。しかも、ドイツ軍は何の妨害も受けずに新防衛線に移ることができたため、戦線の縮小によって第23戦車師団とSS「ヴィーキング」自動車化歩兵師団を戦闘から外し、スターリングラード郊外に包囲されている友軍部隊の救援にコテーリニコヴォに差遣することが可能となった。とはいえ、SS「ヴィーキング」師団第5戦車大隊は北カフカスに1942年12月末まで残っていた。

ザカフカス方面軍北方集団右翼部隊のイシチェールスカヤ方面（テーレク川左岸沿い）における反撃攻勢は1942年10月からすでに準備が始められていた。しかし、ドイツ軍がナーリチク方面で攻勢に移ったため、ウラジカフカス（オルジョニキーゼ）郊外にソ連第10親衛狙撃兵軍団と第63戦車旅団を急派して反攻を実施する計画は一時延期となり、右翼部隊は11月30日までその防衛線で防戦を続けた。

11月30日、北方集団右翼部隊は北方集団司令官の訓令第0258により与えられた任務を遂行すべく、第4親衛クバン・コサック騎兵軍団と第5親衛ドン・コサック騎兵軍団、それに第44軍の兵力を用いて、モズドークのドイツ軍部隊を殲滅する攻撃を発起した。

しかし、12月1日にはすでにドイツ軍の方がアチクラーク地区からヤマンゴイへ、またカラ・チュベー地区からノフクス・アルテジアンへ反撃を仕掛けてきた。ここでは12月4日まで激戦が展開されたが、第4親衛クバン・コサック騎兵軍団右翼地区の戦闘は苛烈を極め、ノフクス・アルテジアンとヤマンゴイの集落は何度も独ソ両軍による争奪が繰り返された。12月4日の夕刻にはソ連第10親衛騎兵師団はとうとうドイツF特殊軍団の戦車及び自動車化部隊の反

107：IV号戦車D型とソ連軍修理兵。戦車にはチョークで「修理行き」と書かれている。北カフカス、1943年初頭。(ASKM)
付記：足周りが激しく破壊されている。車体後部の予備転輪の取り付け方がおもしろい。

　撃に堪え切れず、マハチ・アウール～アルトゥイ・チュベー丘の線に後退し、その結果第9親衛騎兵師団の右翼が露出してしまった。同師団はやむなくイルガクルィーへの攻撃を弱め、右翼地区で防戦に転じた。第30騎兵師団はドイツ軍の抵抗が他に比較して弱かったため、スンジェンスキー制圧を目指して戦い続けた。
　ソ連第5親衛ドン・コサック騎兵軍団の前進をドイツ軍は航空機に支援された戦車と自動車化歩兵を使って遅滞させていた。第5親衛騎兵軍団は、敵のよく整えられた防御を突破するに必要な人員と兵器が不十分であったこと、それにソ連第4親衛クバン・コサック騎兵軍団が後退したことから、右翼がドイツ軍に襲われる脅威にさらされた。そのため、12月5日の深夜未明に122.8高地（ニキーチン山）～ストデレーフスキーの線に後退して防御を固めた。
　ソ連第44軍右翼部隊は11月30日に次の方面で攻撃を発起した。第402狙撃兵師団は第133迫撃砲連隊とともにスタロ・ブハーロフ地区から出発し、ナイジョーノフスコエ方面を攻めた。第416狙撃兵師団と第2戦車旅団、第249及び第488独立戦車大隊、第103対戦車砲連隊、第1169榴弾砲連隊第2大隊は、ノヴォ・レドニョーフ～カプースチンの線からズボールヌイ方面に進撃した。1942年12月1日現在の各戦車部隊の兵器数は次の通りである：第2戦車旅団—16両（T-34中戦車3両、T-70軽戦車6両、T-60軽戦車7両）、第488独立戦車大隊—23両（T-34中戦車2両、T-50戦車15両、T-60軽戦車6両）、第249独立戦車大隊—M3軽戦車30両、第132独立戦車大隊—30両（BT-7快速戦車8両、T-60軽戦車10両、T-26軽戦車12両）。ソ連第9狙撃兵軍団は、第416狙撃兵師団が108高地に到達するや、第43及び第157狙撃兵旅団を用いてカプースチン～レーニン記念運河の線から出撃して敵陣を突破する任務を帯びていた。

108

109

108、109：かつてドイツ国防軍第13戦車師団に所属していたⅣ号戦車F1型を鹵獲し、修理している赤軍兵。北カフカス、1943年初頭。(ASKM)

110

110：第52赤旗章叙勲戦車旅団のステパーノフ軍曹が指揮する中隊の最優秀戦車乗員。ザカフカス方面軍地区、1942年12月。（ASKM）
付記：T-34は新型砲塔の1942年型である。砲塔にパッチをあてたような部分があるが、被弾箇所を修理したものと思われる。

　第9狙撃兵軍団第256狙撃兵旅団と第132独立戦車大隊は、第44軍攻撃部隊の予備としてバフマートコフ地区に集結、待機していた。
　11月30日の夕方までにソ連第402及び第416狙撃兵師団と第9狙撃兵軍団右翼部隊は3～6km前進した。ソ連第44軍右翼部隊は、12月3日夕刻にはチターロフ～ズボールヌイ～国営農場第2部～イシチェールスカヤの東2kmの線に進出した。
　こうして、12月3日以降はソ連北方部隊集団右翼のテーレク川左岸沿いに第44軍部隊が進撃し、中央部では第58軍部隊が防戦を担当し、左翼では第9軍と第37軍が戦闘を繰り広げるという形勢が生まれた。
　ソ連第4及び第5親衛騎兵軍団の進撃を食い止めたドイツ軍は、ソ連第44軍と戦っている部隊を強化し、ソ連第402及び第416狙撃兵師団に対する猛烈な反撃を開始した。そして、第416狙撃兵師団の前進を阻止し、第402狙撃兵師団の2個連隊をノヴォ・メーリニコフの南東へ、もう1個連隊をズボールヌイの北東に後退させることに成功した。
　また、ドイツ軍は第13戦車師団の一部をチコラー地区からモズドク方面部隊の増援に送り、12月10日にかけての深夜、今までの防御線に掩護部隊を残し、他の部隊をイシチェールスカヤの突出

144

111：祖国戦争第1等章を受章したゾロトゥーヒン軍曹（左端）の戦車乗員。ザカフカス方面軍地区第52赤旗章叙勲戦車旅団、1942年12月。（ASKM）
付記：T-34は新型砲塔の1942年型である。

部からアガ・バトゥイリ～シェファートフ～ストデレーフスキーのすでに陣地が整った防衛線に引いた。

12月10日朝からソ連第256狙撃兵旅団と第320狙撃兵師団はフルスタリョーフの北東及び酪農場の地区から攻勢に転じた。その日の夕暮れまでに第256狙撃兵旅団はクレーチェトフの西方2kmの線に進出、他方第320狙撃兵師団はアリゼートカの東3kmとイヴァーノフの東5kmの線に到達した。

12月12日、北方部隊集団司令部の訓令第059号の戦闘指令に従い、集団右翼部隊の反撃が再開された。

第4親衛クバン・コサック騎兵軍団はコムマヤーク～ザジーエフの線から攻勢に移り、スンジェンスキー～ノルトン～タラーソフの線で敵の粘り強い抵抗に直面した。騎兵軍団の攻撃は、前線に到着した戦車30両（M3中戦車20両、M3軽戦車10両）の第134戦車連帯所属と第36装甲車大隊（T-70軽戦車7両、BA-64装甲車22両）、第65独立自動車化大隊、第2独立修理大隊からなる機械化集団が、第134戦車連隊長チホンチューク大佐の指揮の下で支援していた。しかし、第4親衛騎兵軍団の敵陣突破の試みはどれも成功につながらず、戦闘は厳しさを増していった。たとえば、1942年12月12日はM3中戦車だけでも14両が大破、全損し、しかもそのうち4両の「大

145

きな砲塔は完全に吹き飛ばされていた」。

　ノルトンをめぐる攻防においてソ連第10騎兵師団と第134戦車連隊は、2両の戦利T-34中戦車と「105㎜砲駆逐戦車［注42］」(Sd.Kfz.142/2)に支援されたドイツ国防軍コサックのフォン・ユングシュルツ騎兵連隊と衝突した。しかし、M3「グラント将軍」戦車は巧妙に立ち回り、この試練を乗り越えた。T-34と自走砲は撃破され、「白いコサック兵」60名は討ち取られた。

　12月25日、第4親衛騎兵軍団の進撃は停止した。ザカフカス方面軍司令官の指示により、北方部隊集団予備から第4及び第5親衛騎兵軍団の行動地区に第151狙撃兵師団が差遣され、それは12月16日にマフムート・メクテーブ～カヤスーラ～トゥクー・メクテーブの地区に布陣した。また、カヤスーラ地区にはキズリャールからも第110狙撃兵師団が到着し、第151狙撃兵師団司令官の作戦指揮下に入った。

　第5親衛ドン・コサック騎兵軍団は12月12日に122.8高地（ニキーチン山）～ストデレフスキーの線から攻勢に転じ、激戦を経て12月17日までにキジーロフに到達した。しかし、ここでドイツ軍の頑強な抵抗と戦車並びに歩兵の反撃に迎えられて攻勢を拡大することができず、到達した線に一旦防御を固めることにした。第5親衛騎兵軍団の機甲兵力は、第221戦車連隊（T-34中戦車23両、T-70軽戦車16両、BA-64装甲車3両）、第66独立自動車化大隊、第16独立偵察大隊、第42装甲車大隊、第69対戦車銃大隊、独立高射砲大隊1個からなる機械化集団が第11騎兵師団副司令官ヴァシレーフスキー大佐の指揮下に行動していた。ドイツ軍の絶え間ない攻撃を撃退しながら、第5親衛騎兵軍団は1942年12月末までその防衛線を持ち堪えた。

　ソ連第44軍は12月12日、友軍騎兵軍団と同時に反撃を再開し、夕方までに第9狙撃兵軍団の一部と第320、第416、第223狙撃兵師団の兵力でもってマカーロフ～シェルストビートフ～アリゼートカ～イヴァーノフ～クリヴォノソフ～ガリュガーエフスキー待避駅の線に進出した。第58軍第414狙撃兵師団はこの日テーレク川をベノ・ユールト地区で渡河し、第223狙撃兵師団と協同でイシチェールスカヤを制圧した。第9狙撃兵軍団主力はこのときシェルストビートフ地区への集結を終えつつあった。

　ドイツ軍部隊はソ連第44軍の進撃を遅滞させようと粘り強い抵抗を続け、頻繁に反撃を繰り出していた。なかでも、ソ連第9狙撃兵軍団と第320狙撃兵師団に対するドイツ軍の反撃は熾烈を極めた。ソ連第44軍はドイツ軍の歩兵と戦車の抵抗と反撃を退けながら6日間に5～10km前進し、12月19日にはミトロファーノフ～ドヴラートキンの東3km～アヴァーロフの東4km～シェファートフの北

［注42］42式10.5㎝突撃榴弾砲。
(監修者)

112：北カフカスから退却するドイツ軍部隊（第3戦車師団）。1942年12月。（RGAKFD）
付記：Ⅲ号戦車はEないしF型だが、外装式防盾に5cm砲を装備し、車体前面にも増加装甲板を取り付けた改修型である。

東3km～ベゾルーキ～レンポショーロク～ストデレーフスカヤの東1kmの線に進出した。

　12月17日、ソ連北方部隊集団司令官は反撃攻勢に第58軍も投入することを決定し、各部隊に次の任務を与えた。

　第44軍に対しては、12月19日の朝から右翼部隊を使用して第5親衛ドン・コサック騎兵軍団とともにモズドークを北西から迂回するように攻撃を発起せよ、と命じた。第58軍は右翼部隊でもってニージニー・ベコーヴィチ～キズリャール方面に進撃することとされた。

　北方部隊集団司令官はさらに、第44軍に第58軍第347狙撃兵師団を移して増強し、この師団をテーレク川北岸のストデレーフスカヤの東郊に集結することを命じた。そのほか、ロバーノフ戦車軍少将の指揮下に、第2、第15、第63戦車旅団と第225戦車連隊、第43装甲車大隊からなる総勢100両の戦車（T-34中戦車45両、T-70軽戦車24両、T-60軽戦車12両、Mk.Ⅲ ヴァレンタイン戦車13両、M3軽戦車6両）とBA-64装甲車24両の戦車集団を編成することも命じた。ロバーノフ戦車集団は、12月21日までにシェルストビートフ地区に集結するよう命じられた。しかし、ロバーノフ戦車集団の行動が活発になったのは1943年1月1日以降、ドイツ軍の全面的撤退がもはや明白となったときであった。

113：モズドークに入城する赤軍部隊。1943年1月3日。（RGAKFD）

114：古参パルチザンのミハイル・スヴィーリン（左端）が、いまだ衰えぬ手でドイツの侵略者たちに掣肘を加えている。北カフカス地方ピャチゴールスク地区、1943年1月。（ASKM）
付記：手にしているライフルはドイツ軍の7.92mm K98ライフルである。

115：赤軍側に移ったスロヴァキア第1自動車化師団のスロヴァキア兵が、捕虜となったドイツ、ルーマニア将兵を後方に護送している。北カフカス地方ピャチゴールスク市、1943年1月。(ASKM)
付記：手にしているのはＰＰＳh-41である。スロヴァキアはドイツの保護国としてソ連侵攻にも加わったが、同じスラブ民族としてソ連軍との戦闘にそれほど積極的でなく、特にドイツの敗色が濃厚となると前線での逃亡が続出した。このため後にドイツはスロヴァキア軍前線部隊を解体し、戦闘部隊ではなく建設部隊に改編した。

12月25日まで第44軍右翼部隊と第5親衛ドン・コサック騎兵軍団は、粘り強く抵抗するドイツ第3戦車師団部隊と第13戦車師団の一部を相手に険しい戦闘に明け暮れた。この間、第44軍右翼部隊は西方に10km前進したが、さらに攻勢を拡大して任務を全うすることはできなかった。12月24日に第416及び第414狙撃兵師団地帯で戦闘に投入されたロバーノフ戦車集団も成果を上げることはできなかった。12月25日、第5親衛ドン・コサック騎兵軍団と第44軍は、アガ・バトゥイリ郊外～キジーロフ～オシ・ボガトゥイリ郊外～シェフアートフ～ベゾルーキ～レンポショーロク～ストデレーフスカヤ東郊の線で進撃を一時停止した。

　ソ連第58軍の進撃もこの時期は成果がみられなかった。

　12月末に最も過酷な戦闘を強いられたのは、スールフ～ジゴーラ地区でSS「ヴィーキング」自動車化師団第5戦車大隊の殲滅を目指したソ連第207戦車旅団である。12月27、28日両日の戦闘では第207戦車旅団は戦闘行動をうまく支援することができず、敵戦車14両を撃破したと同時に37両のT-26とT-60を失った（ドイツ軍は撤退時に10両を回収）。第207戦車旅団長クリコーフ大佐は軍事裁判にかけられ、進撃は停止された。

　12月26日から31日にかけてソ連北方集団右翼部隊はドイツ軍に対する偵察活動を強化し、反撃を繰り返しながら形勢を改善していった。これと並行して、北方集団司令官の決定により、モズドーク方面攻勢作戦の準備も進められていった。

　これらの動きは独ソ戦線全体の戦況と完全に合致していた。ドイツ軍はスターリングラード郊外で2個軍が包囲され、コテーリニコヴォ地区部隊も壊滅し、さらにドン河中流域でも敗北を喫したことから、ソ連ザカフカス方面軍北方部隊集団の前方に展開していたドイツ第1戦車軍を1943年1月から後退させることを余儀なくされた。ドイツ軍のこの行動は、南方面軍（スターリングラード方面軍を改編）がロストフ及びサーリスクに首尾よく攻勢を発展させ、ドイツ軍の北カフカス展開部隊がすべて包囲される危険性が現実味を帯びてきたことに関係している。ドイツ軍諸部隊の後退はソ連北方集団右翼部隊の攻勢と時を同じくし、ドイツ第1戦車軍は1943年1月3日以降、スターヴロポリ方面の前線全域で追撃を受けることになる。1943年1月11日には、ソ連軍最高総司令部の命令を受けたザカフカス方面軍黒海部隊集団も攻勢を開始する。

　こうして、北カフカス方面軍とザカフカス方面軍は半年がかりでドイツ軍のザカフカス地方及びソ連油田地帯獲得の試みを阻止し、敵の兵力を消耗させることに成功した。そしてここに、北カフカス解放反攻作戦を敢行する条件が整ったのだった。

116、117：解放された北カフカス地方の一市街に残ったドイツⅡ号戦車C型。この車両にはドイツ国防軍第13戦車師団の部隊章が見える。1943年初頭。（ASKM）
付記：Ⅱ号戦車C～C型改修型で、車体、砲塔前面には増加装甲板が取り付けられ、砲塔上にはキューポラが装備されている。

118：赤軍兵が捕獲したドイツ自走砲マーダーⅡ型を調べている。北カフカス地方、1943年初頭。（ASKM）
付記：Ⅱ号戦車車体搭載7.5cm Pak40/2。本車はⅡ号戦車F型車台を使用してオープントップの戦闘室を設けて7.5cm対戦車砲を搭載した車体で、1942年6月から1943年6月までに576両が生産され、1943年7月から1944年3月までに75両が改造された。本車は各種師団等の対戦車、戦車駆逐大隊に配備された。向こう側の車体はSd.kfz.7 8tハーフトラックである。

119：赤軍に解放された北カフカスのある都市の広場に並べられた戦利ドイツ兵器：（左から順に）ホルヒ801、ルノー、メルセデス3000の各自動車、半装軌式牽引車Sd.Kfz.10（3t）及びSd.Kfz.7（8t）、自走砲マーダーⅡ型。北カフカス地方、1943年初頭。（ASKM）

116

117

151

118

119

訳者あとがき

　カフカスの自然に触れた日本人は、遠い記憶が蘇るようなある種の懐かしさを覚える。1942年の後半には独ソ両軍の死闘の舞台となったこの地方を、ロシア帝政末期にペテルブルグ駐在海軍武官を務め日露戦争で英雄的な死を遂げた広瀬武夫と、革命直後のロシアで消息を絶ったジャーナリスト大庭柯公がそれぞれ訪れている。氷雪を頂く山脈が紺碧の空に幾重にも連なり、そこから大小の河川が西の黒海と東のカスピ海に流れる地峡に足を踏み入れた時、日本海と太平洋に挟まれた飛騨高山や富士、箱根の山々が彼らの瞼に浮かんだ。そして、広瀬はトビリシからウラジカフカスに至るグルジア軍道からの眺めを「梢絶凄絶ノ風光ニ至リテ」、「秀絶麗絶ニ至リテ」と絶賛し、大庭はロシアとトルコのアルメニアを巡る戦争に思いを馳せては、「戦地としては余りに詩的ではあるまいか」と感嘆している。ドイツ軍と赤軍の将兵もこの絶景に心を奪われて、しばし戦地にあることを忘れたのではなかろうか。

　カフカスはまた、人種や宗教や言語が異なる20余の民族がそれぞれの伝統と慣習を守るモザイク画でもある。互いにまったく通じない言語もあるという。しかし、山間の民はみな、刀剣を愛し、武勇を尊び、誇り高い。大庭の眼には彼らと昔日の日本武士の姿が重なった。カフカスのサムライには、広大なシベリア・極東を100年ほどで征服したロシア人に70年も苦戦を強いた歴史がある。

　カフカスのモザイク画には、ナポレオン軍を撃退した皇帝アレクサンドル1世の時代からドイツ人も色を添えるようになったようだ。彼らは民族的伝統は維持しながらも現地の生活に溶け込み、カフカス人もドイツ人との共生に違和感はなかったと、年配のグルジア人から聞いたことがある。そもそも、昔からヴォルガ河以西のロシアには多数のドイツ人が入植し、その人口は最盛期には数百万人、19世紀末においても180万人を数えた。本書の翻訳を進めるうちに、ドイツ軍はカフカスの複雑な地理にかなり明るかったように思えたのも確かである。ただし、先のグルジア人いわく、カフカスの戦いではドイツ軍を歓迎したイスラム教徒のチェチェン人に助けられた部分が大きかった。

　このようなドイツ軍を迎え撃つ赤軍部隊は、ほとんどのカフカス人も理解できないグルジア国内の少数民族メングレル人の言語を暗号代わりに使用し、重要な情報はメングレル語で交信するなどして対抗した、というエピソードがある。太平洋戦争で日本軍が鹿児島の方言を同様に使用したことと似ている。ちなみに、当時は内務人民委員として警察や諜報・防諜を司り、スターリンの死後に逮捕・処刑されたベリヤはメングレル人である。「難問はベリヤに相談し

ろ」という密かな評判が一部の権力者の間にあったらしいが、彼が自分の母語を諜報戦の武器に変えたのだろうか。

　「独ソ戦車戦シリーズ」は本書で5回目となるが、今回初めてあとがきを書かせていただいたのにはいくつか理由がある。ひとつは、これまで書かなかった理由でもあるが、そもそも戦史・兵器史についての知識は乏しく、原書を翻訳することで精一杯だったからである。にもかかわらず、初回以降続けて翻訳の機会に恵まれ、その間日本とロシアの専門家の方々から様々なご教示を頂き、独ソ戦についていろいろと考えさせられるところのあったことがふたつめの理由である。第三の動機としては、カフカスは日本ではあまり知られていない地域であるため、日本人の眼を通じたこの土地の印象やカフカスの人々から直接聞き得た話を、余談としてご紹介するのも有益だろうと判断したことがある。

　たまたま、これらの余談には「民族」というファクターが共通しているので、その意味で既刊の『モスクワ防衛戦』『ハリコフ攻防戦』『バルバロッサのプレリュード』についても、ここで少しずつ触れることをお許しいただきたい。まずは、モスクワ戦を体験した老婦人の話である。夫を召集された彼女は、空襲の激しくなるモスクワから老いた母親と幼い娘を連れてウラル地方のバシキール自治共和国（現バシコルトスタン）に疎開したが、そこでは「モスクワだけはドイツ人が取るがいい、俺たちはここのロシア人を切り裂いてやる」と息巻くバシキール人の敵意と隣り合わせの生活が待っていた。

　また、知人の医師の話によると、かつてウクライナ戦線に従軍したソ連軍将校の入院患者が、ドイツはウクライナを完全に掌握するチャンスが確かにあったのに、占領政策を誤ったために結局はウクライナ人を敵に回してしまった、と語ったそうだ。これらの証言も、チェチェン人など12もの少数民族が「対敵協力民族」としてシベリアや中央アジアに強制移住させられた史実とともに、革命から20数年を経たソ連という多民族の社会主義国家が、まだまだ不安定な体制であったことを示唆している。ロシア語を知らない戦車兵もいたと『バルバロッサのプレリュード』で内部の混乱を暴露された軍隊が、「諸民族友好の首都」モスクワと「長兄ロシアの弟ウクライナ」第2の都市ハリコフを守る戦いで遮二無二とも言える抵抗をしていた国には、このような事情があった。

　「独ソ戦車戦シリーズ」は、近年ロシアで戦車研究家として名声を高めつつあるマクシム・コロミーエツ氏の一連の著作の邦訳版である。コロミーエツ氏の仕事ぶりは猛烈と呼ぶにふさわしく、毎月のように新たな著作を発表し、内外の研究者にいまだ利用されていない文書館や資料の開拓にも余念がない。したがって、本シリーズは

ソ連側の今まで封印されてきた情報が（ソ連にとって不都合なデータも含めて）豊富で、日本における独ソ戦の研究に新天地を拓くものと信ずる。

　さらに、監修者斎木伸生氏の詳細かつ親切な付記は、訳文のいたらない部分を補って余りある。その内容は、世界中の現存兵器や戦跡を文献だけでなく、自らの五感で確かめるという姿勢に裏付けられていることを、昨夏に斎木氏の独ソ戦跡巡りに同行させていただいた者として特記したい。

　そもそも本シリーズは、数年前に訪口された株式会社アートボックスの市村弘氏とコロミーエツ氏の出会いから芽生えた企画で、編集担当の田中理人、内田恵三両氏のご尽力と訳者へのきめ細かいフォローのおかげでひとつひとつ実を結んでいっている。改めて謝意を表したい。

　このような環境に恵まれた訳者としては、原著に盛り込まれた貴重な情報が言語の壁を取り除かれて読者諸兄にさらに身近なものとなるならば幸いこの上ない。

平成16年4月
小松徳仁

[著者]
マクシム・コロミーエツ
1968年モスクワ市生まれ。1994年にバウマン記念モスクワ高等技術学校（現バウマン記念国立モスクワ工科大学）を卒業後、ロシア中央軍事博物館に研究員として在籍。1997年からはロシアの人気戦車専門誌『タンコマーステル』の編集員も務め、装甲兵器の発達、実戦記録に関する記事の執筆も担当。2000年には自ら出版社「ストラテーギヤKM」を起こし、第二次大戦時の独ソ装甲兵器を中心テーマとする『フロントヴァヤ・イリュストラーツィヤ』誌を定期刊行中。最近まで内外に閉ざされていたソ連側資料を駆使して、独ソ戦の実像に迫ろうとしている。著書、『バラトン湖の戦い』は大日本絵画から邦訳出版され、『アーマーモデリング』誌にも記事を寄稿、その他著書、記事多数。

ユーリー・スパシブーホフ
1966年、古来より武器・兵器の製造で有名な軍事産業都市トゥーラ生まれ。ロシア連邦戦略ロケット軍対破壊工作独立大隊勤務、チェンチェンでの軍事作戦に参加。現在は、モスクワ州クビンカに基地を持つ精鋭部隊、空挺軍第45連隊ロケット・砲兵兵器課副課長に在任。その素顔は熱烈な戦車ファンで、特殊部隊勤務の後は機甲兵器をテーマに活発な執筆活動を始め、20点以上の記事や書籍を発表している。近著に『アメリカ戦車M1"Abrams"』、『1931年〜40年のフランスの軽・中戦車』（いずれもロシア語）がある。

[翻訳]
小松徳仁（こまつのりひと）
1966年福岡県生まれ。1991年九州大学法学部卒業後、製紙メーカーに勤務。学生時代から興味のあったロシアへの留学を志し、1994年に渡露。2000年にロシア科学アカデミー社会学・政治学研究所付属大学院を中退後、フリーランスのロシア語通訳・翻訳者として現在に至る。訳書には『バラトン湖の戦い』、『モスクワ上空の戦い』（いずれも大日本絵画刊）がある。また、マスコミ報道やテレビ番組制作関連の通訳・翻訳にも多く携わっている。

[監修]
齋木伸生（さいきのぶお）
1960年東京都生まれ。早稲田大学大学院法学研究科博士課程修了。外交史と安全保障を研究、ソ連・フィンランド関係とフィンランドの安全保障政策が専門。現在は軍事評論家として、取材、執筆活動を行っている。主な著書に、『戦車隊エース』（コーエー）『ドイツ戦車発達史』（光人社）『フィンランドのドイツ戦車隊（翻訳）』（大日本絵画）などがある。また、『軍事研究』『丸』『アーマーモデリング』などに寄稿も数多い。

独ソ戦車戦シリーズ 5

カフカスの防衛
「エーデルヴァイス作戦」ドイツ軍、油田地帯へ

発行日	2004年8月7日　初版第1刷
著者	マクシム・コロミーエツ　ユーリー・スパシブーホフ
翻訳	小松徳仁
監修	齋木伸生
発行者	小川光二
発行所	株式会社大日本絵画
	〒101-0054　東京都千代田区神田錦町1丁目7番地
	tel. 03-3294-7861（代表）　http://www.kaiga.co.jp
企画・編集	株式会社アートボックス
	tel. 03-6820-7000　fax. 03-5281-8467
装丁・デザイン	関口八重子
DTP	小野寺徹
印刷・製本	大日本印刷株式会社

ISBN4-499-22844-1 C0076

ФРОНТОВАЯ
ИЛЛЮСТРАЦИЯ
FRONTLINE ILLUSTRATION

ОБОРОНА КАВКАЗА
июль-декабрь 1942 года

by Максим КОЛОМИЕЦ
Юрий СПАСИБУХОВ

©Стратегия КМ 2003

Japanese edition published in 2004
Translated by Norihito KOMATSU
Publisher DAINIPPON KAIGA Co.,Ltd.
Kanda Nishikicho 1-7, Chiyoda-ku, Tokyo
101-0054 Japan
©DAINIPPON KAIGA Co.,Ltd.
Norihito KOMATSU, Nobuo SAIKI
Printed in Japan